[美] 迈克尔·索斯沃斯
[美] 伊万·本－约瑟夫　著
李凌虹　译

街道与城镇的形成 （修订版）

江苏凤凰科学技术出版社

致谢

　　我们十分感谢来自以下美国机构所给予的研究资助和其他协助，它们是运输研究所，城市与区域发展研究所，加利福尼亚大学运输中心，研究委员会和加利福尼亚大学伯克利分校的法朗德基金。感谢雷·伊萨克斯、马修·亨宁和艾德丽安·王在绘制许多原始地图时所给予的协助。本书部分内容涉及作者在《美国规划协会会刊》上已发表的文章中的研究内容，以及城市与区域发展研究所和运输研究所的工作文件里的内容。

再版序言

—— 写给中国读者的小记

尽管本书聚焦于美国的街道经验，但是这些涉及街道规划和设计的内容在全球范围内适用，尤其适用于正在发展与修建新街道的地方。今天，中国的许多新城镇是依照已经过时的或者缺乏因地制宜观念的西方模式设计与建造出来的。

我们在此强调本书中的以下几点：

● 街道是为城市生活而搭建的公共框架，它们远不只是仅供车辆穿梭的交通通道，而是必须能够适应不同的使用者——行人、骑行者、出租车、公交车以及更多的使用者。尽管汽车主导着街道的设计，但这种主导必须权衡并臣服于其他共同享用街道的使用者的需求。

● 在新城市的发展中存在的一个主要挑战，是创造出适应行人和骑行者共同需求的街道网络，用以维系居住区的宜居性。

● 街道设计标准必须对自然与历史环境、社会生活与文化具备灵活性和灵敏的反应。尽管统一的街道设计标准对塑造城市具有强大的力量，但未能切合一个场所及其文化的标准，则能导致巨大的破坏。

● 规划师和城市设计师们能够通过研究老城镇的传统街道式样学到很多东西。传统街道可以根据当前的需求进行保留和改造，它们能为新的街道设计方法激发灵感。

　　街道建设的目标是创造出功能完备、适宜居住的街道，而且要使得这些街道关联所处的自然与历史背景，支持所处社区的社交生活，并且对使用者而言它们既舒适又安全。

迈克尔·索斯沃斯和伊万·本－约瑟夫

2017 年 10 月

再版译者序言

2017 年《街道与城镇的形成》这本已经历 20 年漫长岁月洗礼的学术著作，再度被引进中文出版权，即将以中文语言再版。对于这本没有任何彩图并且受众范围极其有限的学术著作而言，这可谓最好的盛赞。

从 1997 年本书的英文版首次出版至今，本书作者对街道设计的本源及其与城市规划之间关系的深入研究，在美国乃至全世界开启了一扇反思现今街道设计标准的思想启迪之门。即使在 20 年后的今天，本书观点历久弥新，仍居于同类著作中的代表性地位。"这是一本研究得非常到位的、高度重现了街道在形成适于我们居住的城市中的历史重要性的书……它应当之无愧地在目前有关街道设计的著作中占据突出地位。"这些光辉在 2006 年本书中文初版的译者序言中已经触及，不再赘述。但之于再版，另有一些绪语补充。

人、街道和城市是城市设计中一个坚固的三角形态。城市中人与人的社会交往，形成对居住区和公共空间等领域的原始需求，街道则饰演连接这些需求的纽带。人们通过室外街道网络感受一座城市，这是城市住民最终与街道发生的最直接的关系。街道的首要职责当属应对人在城市生活中的各项生动的需求，其他思量则位列此后。

倘若踱步现今的街道，难免产生迷惘，即街道设计的本源究竟是为了应对汽车而生，还是为了满足城市居住者的日常所需。这个迷惘，向现今街道设计的标准提出了本质的质问。

为了快速而标准化地形成大城市的格局，严苛的、制度化的、整齐划一的街道设计曾发挥了莫大功用，然而一些来不及思虑的因素，诸如历史人文、社会交往和人的心理等隐性关联，让标准化的街道设计并未成为适宜人们居住的街道设计模式。汽车通行占据这些标准化街道设计的首要与核心的内容，而行人、人与人的交往、公共空间的活力、人文历史、宜居性及其他因素则退隐其后。过宽的街道宽度，为满足行车便利而被割裂成分散的、互不衔接的板块化居住区，严格控制行人与汽车冲突的交通灯与过街斑马线，耗费时间和精力的点与点之间的行程……诸如此类，使得街道这个公共属地，成为人们生活的屏障。

从古罗马时代伊始，街道的含义从未与"车辆通路"这个称谓直接对等。防御、社交、商业、集会等功用，让街道与市民生活全方位交织。市民行于街而安于街，灵动的街道交往空间让市民拥有犹如田园诗般惬意的城市生活。僵硬的、缺乏变通的、无视当地实际情况的街道设计标准，面对人性需求时显得格格不入。具备灵活性与灵敏性的街道设计标准——或者理解为人性化的、能够根据所处环境灵敏变通的、因地制宜的街道设计，则是适宜人们居住的街道模式。

这些是本书倾力阐述的观点。为探索宜居性的街道模式，作者以亲自实施的共享街道作为可参照的街道模型，与严苛的"汽车街道"进行对比，引导人们思考现行街道设计标准的弊端。难能可贵的是，作者始终把街道设计纳入城市规划的视野进行探讨，并未分而治之地研究，不偏不倚的论述留出充足的思考余地。事实上，作者的写作方式尤其值得一提，它令本书引人入胜，经久耐读，不仅展现出作者的睿智与洞悉力，更为本书自出版以来广受欢迎立下汗马功劳。

历来，学术著作的艰深是阻碍旁人亲近它的主因，冗长乏味的论述通常扼杀学术著作的可读性，但此类情况并未出现在《街道与城镇的形成》

一书中。这是因为，其一，作者言辞简练，说理精准扼要，毫无拖沓之感。其二，作者十分重视阅读者的接受程度，把说理尽可能付诸简单词句，甚至使用少量的设问句提出问题，区别于常规问题陈述，易于理解。伊利诺伊大学俄贝拉－查佩分校的罗伯特·奥沙恩斯基教授对此赞誉道："它不但是一本出类拔萃的教科书，也理应能吸引众多的地方规划人员和设计专业人士。"其三，作者言语轻松，时而加入比喻与诙谐，时而使用拟人形式说理，让书中内容仿若一则则故事，读来有趣；作者言语亲和，把诗情画意的情愫倾注全书，诸如每一章之首均引用犹如诗歌般的开篇，让人们甚至忘却正在阅读一本学术著作。这些颇具胆识的罕见于学术写作中的行文，让"它超越历史的局限为我们提供了娓娓道来的原理"。《景观建筑杂志》对此称赞道："这一本显示出卓越观察力的著作的作者纵览了所有有关街道设计的东西，并用一种美妙简练的形式将其呈现出来。"《APA期刊》的法汉德·阿他西则直言："这本书真有趣，研究透彻，图解完美。"写作语言之于本书，可谓令人惊叹。

　　精挑细选的图例，以及图例与图文之间的嵌合，则是另一所长。本书所选的每一张图例都极具说服力与吸引力，正文并不对图例进行描述，完全依靠图例本身接替正文呈现问题。这种嵌合，让读者的思维从文字到图片流畅转换，开启想象空间，读来毫无疲劳之感。由此《城市设计期刊》的约翰·庞特称赞道："这是一本振奋人心的书，它使用了精挑细选的照片和对交叉路口进行的实用比较，以至于各种级别的学生和从事城市设计的业内人士，都能从中找到有用的东西，激发思想的火花。"

　　放之译文之中，上述则是翻译的重心。本书译文尽最大可能维系原著的语言特色与原始情愫，从多方位揣摩作者的语气、语境、情感和所持态度，延续原书趣味盎然的、充满诗情画意的可读性。譬如，当作者以诙谐态度进行说理时，译文在这一态度所涵括的段落里，会摒弃正式严肃的措辞，启用表达同等诙谐程度的词句，以不可多于亦不可少于原文诙谐程度的语气，译出整段。类似的情愫揣摩贯穿全书。又如，原文使用强弱程度不一的动词、助动词或副词表达推断或猜测的各种程度，其意或肯定或不太确定，诸如，也许、或许、可能、可以、应该、必须，等等。这些推测的强弱，整合起来可以影响阅读者对作者论述态度的整体印象。译文把作者在全书中秉持的情感与态度作为参照基础，根据每一处论述的情愫强弱和主客观偏向，推敲每一个此类词汇具有的多种译法，挑选最能恰当表达其强弱程度的对应词语。作为链接本书作者与中文读者的译者，目的是让本书中文版尽最大可能保持原著的风貌，领略本书英文原文独特的行文风格。这是本书中文版最终呈现的译文面貌。

经历这些年岁月的变迁，本书两位作者的身份发生了一些变化。迈克尔·索斯沃斯博士现任加利福尼亚大学伯克利分校研究生院终身教授，任职于城市与区域规划系和景观建筑与环境规划系，他的许多研究项目都集中在美国大都市的演变形式领域，特别是城市边缘区域研究。迈克尔·索斯沃斯博士目前同时担任《城市设计杂志》的北美地区编辑。伊万·本－约瑟夫博士现任麻省理工学院城市研究与规划系教授及系主任，他的研究和教学领域包括城市和实体设计、标准和法规、可持续的场所规划技术与城市改造。伊万·本－约瑟夫博士一直活跃在亚洲与欧美的国际多学科项目中，曾设计并实施了共享街道概念。

在得知本书的中文版即将再版之际，远在大洋彼岸的两位作者倍感欣慰，欣然应我之邀为本书中文再版共同作序。11 年前，虽然我曾想邀约他们为本书的中文初版作序，却因各种缘故留下至深遗憾，这一次一切皆得圆满。透过日常书信往来，能明显感受到两位作者对撰写这篇为本书中文读者量身定制的简短序言，所持之慎重严谨的态度。

在这篇序言中，两位作者根据他们对中国的街道设计与城镇规划的长期研究，明确指出目前中国街道设计中存在的问题，并忧心于中国新城镇的设计与建设正在依循早已过时的、缺乏因地制宜观念的西方模式进行。两位作者从本书中提炼观点，用以表达他们之于中国街道设计现状的看法。他们坦言，这篇序言所列内容可视为他们对中国街道设计的建议。

迈克尔·索斯沃斯教授在回信中这样解释这篇序言："我们认为在这里提出的所有观点，都与当今中国的城市规划和发展相关。但是，它们也适用于世界各地存在类似问题的许多城市。"共享街道的概念是本书的核心内容。伊万·本－约瑟夫教授在回信中针对共享街道进行了解释："对于有关共享街道的问题，我只想补充一点，那就是包括中国在内的许多传统的、老式的街道从根本上看都属于'共享街道'，因此，它们可以成为适用于当今的模型和灵感。"伊万·本－约瑟夫教授还提供了中国平遥老街的图片，作为一个可参照的共享街道实例。迈克尔·索斯沃斯教授也在书信中对共享街道进行了说明："共享街道的概念适用于许多居住区域，也同样可以应用于许多步行购物区。共享街道可以提高居住社区的宜居性。"

末了，尚有一些可能会出现的争议需要阐明。

首要的争议可能是本书把"streets"译为"街道"而不是"街区"。街道与街区在内容涵盖上各有千秋。街道由其两侧的建筑界定，它可以是体现各个非常细微设计和各种景观细节的某条道路，也可以是形成街区的一个构成元素；它可以涵盖从细部到整体形成的概念，具有积极的空间性质，与人的关系密切，更能体现出人的需要与社交性。"街区"的概念则较大，涵盖内容相对于街道更多。街区可以由多条街道组成，侧重从细部到整体的整合内容。相较而言，"街道"能更准确地表达"streets"一词在本书中的涵义。正如马歇尔·伯曼所言："街道的主要目的是社交性，这赋予其特色。人们来到这里观察别人，也被别人观察，并且相互交流见解……而目标最终在于活动本身……"针对"streets"在本书中的翻译，也曾慎重咨询国内业界专家以及为城镇规划行业制定标准的部门，一致认为根据原著内容，使用"街道"来表述"streets"更为准确。

其次，是"拜-诺"街道。自本书初版面世以来，在逐年增多的学术论文中，对本书中文版内容引用最多之一即是"拜-诺"街道，无疑这是一个由本书引入中国的重要词汇。需要说明，"拜-诺"系翻译时采用的是音译译文，原文为"Bye-Law"和"By-Law"两词，这两词为完全相同的含义，仅因英美两国拼写不同所致。"Bye-Law"为英国对本词的拼写方式，"By-Law"为美国对本词的拼写方式。"Bye-Law"对于本书作者身处的美国而言，是一个奇怪的拼写，所以在原文中，作者插入拉丁文术语"sic"来表示这个文本的引用与原始资料完全相同，表明这并不是作者的拼写错误。用在书中上下文，"Bye-Law"或"By-Law"均表示控制发展的规则或条例。因为原文中这两种拼写方式在多处文字和图片说明中交叉运用，加之直译文字拖沓冗长，所以断然采取音译。此次中文再版，就"拜-诺"街道的翻译向迈克尔·索斯沃斯教授进行了询问，决定保持原音译状态，同时加注迈克尔·索斯沃斯教授起笔的注释。在原文中相应位置，已经添加这一注释。

再则，书中"交通工程师协会"和"运输工程师协会"等词可能引起困惑。本书原文中的"交通工程师协会"和"运输工程师协会"是两个不同的专用词汇，不可互换。与此类似，书中诸如"交通管理""运输管理"等凡是涉及"交通"和"运输"的名词都不可互换，译文严格遵从原文并经过严格校对。

对于美国的州名，如伊利诺伊州和弗吉尼亚州，在中国并存不同的译法，常见的有翻译为伊利诺斯州和维吉尼亚州或佛吉尼亚州等。本书统一翻译为伊利诺伊州和弗吉尼亚州。

关于"grid"一词，本书翻译为"格栅"。在中国建筑界和城市规划界的实际运用中，有格栅和栅格两种说法，其间尚无明确区别。本书参考国家重点资助项目的教科书和学术著作，将其翻译为"格栅"。

附录 A 中的各项内容严格按照原文顺序翻译，没有采用流畅的叙述性词组或语句译出，有可能不适合中文阅读习惯。例如"1929 年《社区单元》，克拉伦斯·斯坦"，"1948 年《社区规划》，美国公共健康协会"，等等。此举是为了在不影响对附录 A 所列内容的理解的前提下，让中文附录能具有英文原文提供的原始参考性，故此刻意保留英文原文原态译出。各章节注释、参考文献等部分则保留文献的英文，便于查找本书所引用文献的原文。

其余的，正如中文初版序言已经说明，中美两国以及中国和欧洲国家在城市规划领域中有一些词汇并不对等，一些适用于美国或者欧洲国家的术语在中国鲜见。对于同一个术语，国外的定义仍可能与我国不同，有待百家争鸣。在翻译过程中，对原文加注英文注释的非英语词汇采用音译，对原文没有加注英文注释的非英语词汇采用意译，力求与原文一致。

　　此生有幸，在 2005 年得到力荐担任本书的译者。从 2005 年秋天本书翻译完毕，经历一年的审校，直到 2006 年 9 月译稿正式印刷出版，一切与本书的故事便由此伊始。于我，这是所读至今印象尤深的一本著作。岁月变迁，我也不再年少，再度有幸经历本书的再版校译。本书的初版印册数量稀少，期盼此次中文再版能为它带来更广泛的了解与更多静下心来品读的读者。

　　最后需要说明，此次中文再版仍系 2003 年爱兰德出版社出版的英文修订版翻译，并对中文初版进行了必要修订。祝愿大家跟我一样，为阅读本书感到愉快！

李凌虹

2017 年 10 月

初版作者序言

作为重新评估郊区环境的序幕，我们通过对英国和美国在过去两个世纪里出版的专业性和技术性的出版物以及对已经建成的项目的回顾，追溯了郊区居住街道标准的演变。我们尝试着去理解在每一个阶段助其成形的推动力，也努力去理解它们对于今天的街道形式的意义。对标准演变的每一个阶段，我们都分析了它的概念框架、设计原型、政府管理行动、建造技术以及标准化设计准则。有关美国郊区街道标准起源的最有用的原始资料，是一些针对细分开发区制定的政府手册和专业性手册，如联邦住房管理局、住房金融机构、运输工程师协会和城市土地协会的出版物。对城市设计产生特别重要影响的，是查尔斯·马尔福德·罗宾森在1911年进行的研究——《街道的宽度与排列》。一般的关于城市历史和开发进程的著作，如哈诺德·劳特讷、沃尔特·格里斯、克里斯丁·博尔、罗伯特·菲希曼和马克·威斯，在追踪导致标准化的事件的链条中，以及对于研究街道标准在较多进展过程中的前因后果，都极具价值。

在本书中，我们将讨论居住街道方针及其标准的发展的主要历史性转变。在第一个时间段1820—1870年中，我们发现因为得到来自风景如画设计运动的灵感启发，现代郊区设计标准在早期的英格兰和美国的郊区中起源的踪迹。在第二个时间段1870—1930年中，我们考虑早期工业城市中混乱且有害健康的居住情况是怎样鞭策对居住街道标准进行立法的。英国城市中严苛的"拜-诺"街道设计标准激起了一种反作用。诸如雷蒙德·昂温、巴里·帕克和诺曼·肖这样的设计师，在他们的作品中都尽力避免整齐划一，强调城市设计的价值。在这一阶段里，另一股推动力对街道与社区的设计产生了主要影响——尤其是在美国：汽车作为主要运输形式的兴起。社区的概念得到重新审视，设计师克拉伦斯·斯坦和亨利·赖特引入了构筑社区空间和街道路网的新方法。与此同时，欧洲的现代主义建筑师们，如勒·柯布西耶、瓦尔特·格罗皮乌斯和路德维希·希尔贝尔赛默，借鉴了交通－保护中的超级街区的概念，以一种特别针对汽车设计的新尺度为基础，创造出"机器时代"的城市。在第三个时间段1930—1950年中，美国居住街道标准和现代郊区的形式随着联邦住房管理局的成立而被制度化，联邦住房管理局把街道设计方针和标准作为它的借贷计划的组成部分进行广泛传播。在第四个时间段1950—1985年中，运输工程学发展成为一门专业，运输工程师协会成立。街道标准和街道设计几乎不顾一切地聚焦于满足汽车驾驶员的需要。

最后，我们采用针对取代现行标准的备选方案和发展新社区街道标准的方法进行讨论，总结全书。今天，为各社区街道制定的业已改进的标准，正受到许多设计师、规划师甚至工程师的质疑。一些备选方案正在那些更加强调街道在社区生活中的作用的地方接受实验。而这些改变是否能产生效果，则将不仅取决于能否具有先见之明，也取决于怎样理解我们为现阶段所带来的一切。我们希望，在更加知晓街道标准究竟是怎样随着时间的推移发展变化的，以及了解它们究竟对我们的居住环境产生了多么深刻的影响后，我们能够尽力让它们变得更加人性化。

迈克尔·索斯沃斯和伊万·本－约瑟夫

2002年11月

初版译者序言

对于街道的研究著作相比于城市理论的其他方面显得比较少见，而把街道与城市的形成历史及其对城市的影响相结合的、分析透彻的研究著作更难得一见，这样的研究常困惑于无法深入或把握确切的切入点，尤其当街道被作为单独的研究物时情况更是如此。所以，在研究之余读到这样的一本好书，着实为之兴奋。

原书本没有序言，两位著者仅以简短的感恩致辞拟作全书的序幕，继而便展开结构严谨的绪论章节，谦逊的治学品格让人为之动容。但不论著者的心态何等谦逊、客观，本书的光辉依然难以掩盖。

从 1997 年至今，这本《街道与城镇的形成》对美国城市的街道规划与设计产生了深刻影响，并且它的影响力并不局限于学术领域，而是掀起了一场由著作说服美国政府对现有街道设计标准进行改革的积极行动。在某种意义上，这本著作更像一部至诚至真的学术箴言，颇具呕心沥血的治学风范。

在通读本书之前，有必要简单理清一些美国城市街道规划与设计的零碎背景。

美国的街道规划倘若追溯渊源，可以认为是以英国为雏形、在独立战争后得以发展的。美国的地理面积广袤，居民大都为外来移民或移民后代，在独立战争结束之初，新移民的迅速涌入给土地开发带来巨大压力。尤其在工业革命之后，渴望实现淘金梦的人们不断涌入城市，城镇居民数量迅猛增长，原有的城市被迫在移民潮和"淘金"潮中措手不及地进行蜕变。与此同时，新城镇不得不成批诞生，但由于大都为应急之需，诸多新城镇的规划方式仿若工业大生产过程一般进行机械复制，一时间致使美国各地出现了大量惊人相似的新城镇。为了保证大规模土地开发的施工质量，美国政府在城市扩张过程中制定了许多近乎苛刻的硬性标准，通过有效实施措施给这些标准建立起牢不可攻的根基，企图整顿秩序。然而，正是这些标准，成为日后街道规划设计中难以逾越的屏障。

城市、郊区、街道、马路，这些日常生活中常见的事物与城市里市民的生活舒适度密切相关。被视为阻碍适宜居住街道形成的这道标准的屏障，面临着怎样转换职能或如何被拆卸的难题。本书作者迈克尔·索斯沃斯和伊万·本－约瑟夫两位教授，针对其中涉及的问题展开一系列研究，经过由浅入深、循序渐进的分析，提出他们中肯的建议。这一切，构成了本书。

现实生活中的每一座城市，自建立之初便通过街道来彰显其品性。市民居于室，而室则居于街，市民最终必须与街道发生关系。街道的或宽或窄为市民带来相异的居住感受，在倡导人本主义设计的今天，这种感受几乎成为评价街道规划与设计成功与否的核心。不幸的是，美国是一个与古代无缘的、在工业化的隆隆轰鸣声中成长起来的国家，其城市规划的历史几乎依附着它的国家独立史。在独立战争之前，美国的城市规划远远落后于同时代的欧洲，呈现出殖民属地的凌乱面貌。当统治它的英国人驾着马车在大不列颠岛上享受砖石铺装的路面时，美国的大部分地区却仍是人力踩出的泥泞小道。面对这一史实，两位著者均以诚恳的治学态度予以叙述。

自独立战争以后，来自各地的城市淘金者们以工业生产为目的造城，各色城镇琳琅满目。其中，仅出于运输目的修筑的道路、松散的城市规划管理、混乱无序的状态，迫使美国的街道与城镇规划提上了日程。借鉴，一时间成为主题。对此，不难理解书中多次提到英国的街道发展，提到美国的设计师和规划师们纷纷去向英国寻觅革新美国街道设计的出路。有人曾打趣地说，美国的街道与城市规划设计是从欧洲整个海运过来的。

事实上，一代又一代的美国设计师和规划师们都一直不懈地探索新的街道规划设计方法，而欧洲毕竟有着极其成功的范例，远在大洋彼岸的美国的设计师和规划师们显然意识到了这一点，于是他们充分地借鉴可以借鉴的东西。时至今日，他们仍在不断前进。这种精神暗含在书中，尽管本书的主旨并非宣示这些，但隐隐间已感动看书人的心弦。

共享街道的概念是本书的核心内容，对于田园城市理念作者同样抱有浓厚的兴趣。除此之外，书中还提及许多概念和构想，并且对各种理论辨析得细致入微，且所有一切都围绕一个主旨展开，张弛有度，让本书的主线清晰明了。

对数据的注重和颇具感染力的说服力是本书的另一大特色。原著者的著述并不刻意强加任何观点，在说理时往往使用客观的数字进行阐释，这些充满说服力的数字以无声胜有声，均达到很好的以理服人的效果，同时，清晰的章节脉络亦使每一章需要表达的主题变得鲜明而深具说服力。值得一提的是，这种强有力的说服力的背后蕴藏着本书难以忽视的写作亮点。《街道与城镇的形成》的撰写与同类的其他晦涩难懂的学术著作不同，它的行文摒弃了那些华丽或艰涩的词汇，著者始终寻求以最直接但却耐人寻味，并同时具有亲和力的表述方式启迪读者，全书用词朴素却十分准确生动，行文紧凑却言简意赅。也正因为此，即便两位著者对此书的著述始终保持不偏不倚的态度，但著者的观点却得到了恰如其分的表达。例如，在陈述某规划中的十字路口设计方案时，著者只是使用简单的"四条腿走路"一词一笔带过，这种简洁亲切的表述却已将著者质疑的立场表达到位。行文中还有许多诸如此类的地方，留待读者细细品味。幽默机智的隐喻与亲和性的语言，为本书平添了难以掩盖的智慧光芒和思想启迪的深度，这也使得《街道与城镇的形成》成为同类著作中一本可读性强而特殊的学术著作。

　　但本书也有其狭隘之处。当谈到路面的古代历史沿革时，著者的取材范围基本局限于欧美地区，在抬出实例举证时才略有涉及亚洲国家。究其原因，或许是因为欧美尤其是英国的街道，与著者所谈的美国街道铺装直接相关。从另一方面看，缺失了与其他国家和地区的路面铺装的对比分析，让书中例证建立的基础略显单薄。这一点，在此提出仅作参考。

　　需要说明的是，中美两国以及中国和欧洲国家在城市规划领域中有一些词汇并不对等，国外的道路规划分类极细，一些适用于美国或者欧洲国家的术语在中国鲜见。对于同一个术语，国外的定义仍可能与我国不同。本书中会出现一些新的术语，系原文提到的一些新的概念或举出的实例，其范畴界定待百家争鸣。此外，两位著者旁征博引，在英文原文中，著者为了说明一个概念，常会引用意大利语、法语、德语、以色列语、日语等语言，不过著者大都紧随各单词注明了英文注释。对此，在翻译过程中，对原文加注英文注释的非英语词汇采用音译，对原文没有加注英文注释的非英语词汇采用意译，力求与原文一致。

　　末了，还需要简单了解一下本书的两位著者。两位著者均为从事研究的学院教授，其中，迈克尔·索斯沃斯博士来自加利福尼亚大学伯克利分校，是城市与区域规划系和景观建筑系教授，他的工作领域包括大城市的进化形式研究，老城市、老社区和老建筑的再利用与保护规划，以及利用信息系统设计增强城市的教育与交流功能；伊万·本－约瑟夫博士来自麻省理工学院，是景观建筑与规划学助理教授，他曾设计并贯彻执行了新形式的居住性街道和市内街道，其中包括共享街道理念。他目前主要通过仿真界面来研究标准与规范对城市形态和城市模拟效果的影响。两人携手，创作出这本有趣而振奋人心的著作，显示出研究者卓越的观察力和研究深度。在此，不妨引用伊利诺伊大学俄贝拉 – 查佩分校城市与地区规划系罗伯特·B·奥沙恩斯基副教授的话："它不但是一本出类拔萃的教科书，也理应能吸引众多的地方规划人员和设计专业人士。它应当之无愧地在目前有关街道设计的著作中占据突出地位。"

本书的英文版于 1997 年出版后，在美国得到了很高的评价，并于 2003 年修订再版，此次首次出版的中文版系 2003 年的最新修订版。

李凌虹

于江南大学设计学院

2005 年 10 月

目 录

绪论
街道标准与建成的环境

官方街道规划师大都有一个致命的倾向，即他们总对当地原本简单的街道固执地施加相当不必要且十分不合时宜的刻板规定，总令人生厌地对街道宽度和布局执行一系列呆板的标准，这就不可避免地导致许多颇妨碍行动的街道和众多与本应具备的用途完全不匹配的错误形状及尺寸出现。

——小弗雷德里克·劳·奥姆斯特德，1910 年

这是小弗雷德里克·劳·奥姆斯特德在 20 世纪初对街道规划标准进行的批判，但让人吃惊的是，它似乎更像是在批判现今世界中，那正以史无前例的速度扩大城市范围时所遭遇的状况。大部分这类扩张——正如在过去几个世纪中所发生的那样——大都从老城镇边缘的空地开始，直到最近，这些空地或者被农业耕作所用，或者仍保持自然状态。一直以来，城市都是沿着城区边缘向外扩大的，新形成的居住区渐渐融入原有城市区域。随着时间的推移，曾一度被视为属于城市范围以外的城郊和乡村，现在已经被塞进各大都市的腹内。伦敦就是这样一个典型的例子，现今的它俨然一个层层胶合的凝结块，在伦敦市区向外扩张的进程中强行绞合了许多原本不相干的小镇、城郊和乡村。类似的情况还能在波士顿、洛杉矶、旧金山海湾地区的城市扩张格局中见到，事实上，许多大城市过去的扩张历程都与之相仿。

每一个城市扩张的时代，都怀有其对所谓高品质城市的构想，都为城市的建设制定了进程和标准。一直以来，城市形成过程中的一个要素是，

究竟该用何种观点规划居住街道网，因为街道是缔造社区和城市生活的共同框架。它的特点、模式和铺装材料应该是怎样的，街道与街道之间应怎样过渡？街道应当适合何种活动？街道该有多宽，该怎么去布置公共设施、种植树木？在不到一个世纪的时间里，美国关于优秀居住街道网的构想发生了戏剧性的转变，从 20 世纪初叶纵横交错的直线格栅布局，转变成 20 世纪 30 年代和 40 年代的零星格栅与蜿蜒平行的街道布局，继而转变为非连续性的与世隔绝的尽端路和环形道模式——这种模式成为从第二次世界大战至今的主流模式。

今天，像洛杉矶这样的大城市，在城市迅猛向外扩张的进程中已经兼并了原来的村庄、小镇和郊区。（威廉·加纳特）

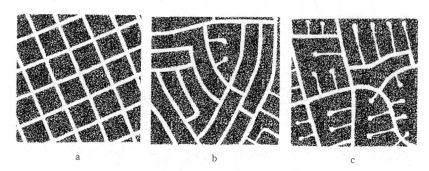

在 20 世纪里，美国关于建设优秀居住街道网的构想发生了戏剧性的转变，从 20 世纪初叶纵横交错的直线格栅布局（图 a），转变成 20 世纪 30 年代和 40 年代的零星格栅与蜿蜒平行的街道布局（图 b），继而转变为非连续性的、与世隔绝的尽端路和环形道模式（图 c），这种模式成为从 20 世纪 50 年代至今的主流模式。（迈克尔·索斯沃斯）

　　在本书中，我们围绕郊区细分阐释居住街道设计理念的起源。我们质疑很大一部分都用于创造几乎已被大都市区域同化的、现代城郊居住环境的标准。作为不仅是美国城市迅猛扩张的一部分，而且也是全美国绝大部分人的居住家园的新开发地区，其发展几乎会完全受街道标准变化的影响。

　　反思郊区街道标准是今日所需，其目的是为了创造一个更具凝聚力、更充满活力和更能发挥效能的社区与大城市区域。尽管此次尝试面临着多方面的阻力：工程师、财政机构、政府调节员、道路建筑工业，还有警察与消防警戒服务措施，一直以来它们都守卫着街道标准。重塑美国城市形状的努力，时常遭受着来自这些标准以及在城市规划与开发中已根深蒂固的执行程序的阻挠。尤其麻烦的是，现行的街道标准事实上遵循一种分散的、互不衔接的社区模式，这一模式宁愿牺牲其他任何模式来为汽车提供出入通道。现行街道标准的、僵化的框架，导致了无视当地实际情况的、千篇一律的、非人性化的郊区环境产生。为什么设计程序和建成的环境非得依赖这些条律规章呢？居住街道的设计标准是怎样产生的？这些公式化的条款在由谁管理？它们是怎样随着时间的推移发生变化的？真的存在能证明坚持标准化的合理性的郊区空间模式吗？这是我们需要弄清和评述的一些问题，是我们揭开城市环境开发新思路的序幕。但是，这其中也有我们没有从事的研究条目，即在商业区域中的主要交通干道、大道、高速公路和街道的设计，以及老城区内部的居住社区街道，尽管这其中的每一项都很重要、都值得我们进行类似的研究。

街道标准的影响力

街道标准的出现或许是出于善意，但是，它们却极大地制约着我们身处的居住环境的形成。面对今天千篇一律蔓延的郊区形态，公众通常处于"信任与谴责设计师、规划师和开发商"的状态，原因是他们以为这些人对环境建设质量掌握着完全控制权。事实上，设计与施工专业人员通常必须遵从一个对规划的诸多细节进行规范和控制的框架，才能开展他们的工作。街道、人行道或植被带的最小尺寸兴许看起来无所谓，但若是放在一个有上百万人居住的、被细分成好几百段的、绵延数英里长的街道上，那么它们就将对我们社区的面貌、人的心境感受和工作状态产生非同小可的影响。例如，若稍微改变一下人行道的宽度，或许就会引出诸如能源消耗、舒适方便性、社交活动、行程耗费的时间和精力、建设维护费用等一系列问题。致力于满足街道道路红线的土地规划剥夺了根据居住单元的需要进行的区域规划方案，以此削减地块面积。扩大街道宽度也会引起建设维护费用成比例增长，导致居住密度降低（假设具有相同的面积和房屋类型），并增加两点之间的通行时间。

然而，这并不意味着我们应该废除标准。很明显，正如许多规划与建造标准都是为了保护我们的安全和健康才制定的一样，设计和工程学标准能够且常常保障施工质量和施工水平的底线。问题的出现，是由于这些竭力保护我们的健康和安全的标准现在逾越了自身范畴，失去了它们当初存在的合理性。我们确信，以上这些就发生在今天的居住街道标准中。居住环境正按部就班地几乎完全遵照刻板的、从未受到质疑的标准兴建，致使其成为僵化教条的一部分，关闭了求变的大门。

　　经历岁月的变迁后，美国居住街道的规划和设计越来越受到严格管理。对公众事务实施系统管理，是始于 20 世纪 30 年代对土地开发实行的中央监管，以及公路和运输工程学专业的兴起，这些共同造就了看似绝对真理的街道标准。

为街道宽度和街区排列制定的简单标准，可以对社区的外观、人的心境和工作状态产生巨大的影响。在 20 世纪的发展进程中，美国居住街道的规划设计越来越受到严格管理。（威廉·加纳特）

随着汽车拥有者和人口迁移率的增长，工程师们便猜想，街道必须得到与之相应的扩大才行。这样做的结果是常常导致超过实际交通需求的规范和标准出现。居住街道网的设计是以统计信息和研究为基础的，而这些信息和研究所针对的主要是怎样有利于机动车在大尺度的街道与高速公路上行驶。这种标准被各地方政府机械地采用并给予法律保障，借此推卸各地方政府自身所肩负的所有有关道路规划的责任，让他们从此高枕无忧。联邦街道改善基金则进一步将其制度化。各地方机构被要求必须遵从即使是最小的几何设计标准，以便成为合格的财政资助对象。想要变更标准是受到劝阻的，且由于政府高层机构并不会轻易允许标准存在灵活性，因此各次级机构也懒得去进行调整。

此外，各金融机构和商业开发商们也拥戴常规的郊区街道和停车规划。金融贷方一直对非主流的发展形式有所顾忌，尤其是当这些形式与现行的标准和规范大相径庭时。商业开发商们偏爱采用"驾车—停车—购物"这种模式来开发新的土地。于是，他们要求，作为承接一个项目的回报，必须在标准中明确地规定出街道应有的宽度、充足的停车区域和便捷的交通。

街道标准对社会和环境产生的冲击

当设计师们和规划师们再次评估城市边缘的自然形状时，很多人开始认识到标准化街道在自然和社会两方面对环境造成的影响。统计数字显示，在世界范围内，至少有1/3的发达国家的城市土地是为适应公路、大规模停车和与机动车相关的林林总总而开发的。在城市化的美国，留给机动车的空间——街道、高速公路、停车场——几乎占据了近一半的城市区

域；在洛杉矶，这个数字估计是 2 / 3。[1, 2] 仅街道和高速公路的道路红线
一项——不包括街边停车区域，就占据了诸如伯克利和洛杉矶这类城市的
26% 的土地面积。[3] 此外，实际上许多建成的公路空间都被闲置着，因为
在占全国公路总长度 80% 的地方居住街道中，只有 15% 的汽车行驶里程
数花在其上。[4]

　　闲置的街道空间和由此造成的经济损失是一个延续多年的现象。从
20 世纪 30 年代起，郊区细分的主导方向就是在大规模铺装的道路上建造
单独的居住房屋。盛行一时的居住细分街道的道路红线宽度，据运输工程师
协会（Institute of Transportation Engineers，简称 ITE）指出，从过去 30 年来
一直保持在 50~60 英尺（15.3~18.3 米）。[5] 在居住区域中，这种对大片限定
区域实施功能极度单一的土地规划，已经造成土地、能源和原材料的不必

大量惊人的土地都是为了适应公路、大规模停车和其他与机动车有关的林林总总而开发的，尤
其在第二次世界大战后的开发进程中更是如此。平均来说，属于机动车使用的面积几乎占美国
城市土地面积的一半，在一些城市里，如洛杉矶，这个数字接近 2/3。（威廉·加纳特）

过多的要求宽阔的街道和较大后退的街道标准，产生了主要的社会和经济影响。它们浪费土地，迫使家庭增加开支，违背宜居性的本质。街道的功能完全被只注重汽车通行方便的功能掩盖。（伊万·本－约瑟夫）

要的浪费。[6] 在典型的 5000 平方英尺（464.5 平方米）空地和 56 英尺（17.1 米）的道路红线的郊区细分中，这些铺装道路累计占总规划区面积的 30% 左右。如果把典型的 20 英尺（6.1 米）的车道后退也计算在内，那么这个数字将占总开发区面积的 50%。目前在美国，随着一块土地的价格上升到相当于在这一地区建造的 25% 的独立住宅的开支（从 20 世纪 50 年代的 10% 上升而来），人们便会假设将发生一种向高效而紧凑的细分规划的转变。[7] 然而，街道标准与街道使用土地的分配一样，仍然多如牛毛。

在居住郊区中，为了交通畅通而广泛实施的土地规划，不仅引起土地损耗、增加经济负担，也激发了一系列社会问题。为方便机动车行驶而制定的街道规范与标准，完全破坏了居住的宜人性。原本适宜社交互动的街道功能，现在常常只能向汽车通行让步——如果不及时得到制止的话。城市土地协会申明："通常我们会忘记一点，那就是，居住街道是社区的一部分，最终会扮演远远超出原设计构想的许多角色。居住街道直接为屋主提供通往他的住宅的通道；它可疏导屋主门前的交通；它可提供栩栩如生的景致，是归家的必经之路；它是一种行人循环系统；它是居民们碰面的场所；它或者是儿童玩耍的场地（不论你喜欢与否）。仅为方便汽车的通行而设计和修建的居住街道，会抹杀居住街道的复合性用途。"[8] 将街道作为房屋周围自然社会环境的一部分的理念，对社区自然面貌的设计和街道系统观的运作都至关重要。然而，以交通为本的街道范例却已被用于指挥扩大街道管理和交通容量。

街道设计的趋势与管理

在本书的第一版出版前，有关方面已经采取了重要行动修订街道标准。始于 1991 年的俄勒冈州波特兰市（详见第六章）的"街道瘦身计划"，已得到当地居民和州政府的高度支持。这项计划曾获得无数奖项，甚至激起了俄勒冈州土地保护与发展委员会的兴趣，促使其颁布一项条例，鼓励州内其他权力机构采纳这项计划。"街道瘦身"的设计理念在全美深入人心。目前，16 个州的超过 30 个权力机构都允许采用某些减小街道宽度的标准（见附录 C）。其中一些地方还允许把街道宽度缩小到可以双边停车的 26 英尺（7.9 米）[或者无停车需要的 20 英尺（6.1 米）]。这相当于把典型的 34~38 英尺（10.4~11.5 米）的标准街道缩小了 30%。当整个城市里成百上千的街道都应用这种标准时，对不必要的路面的削减能有效降低暴雨径流、腐蚀和建设费用，还可以在增加紧密感和畅通性的同时减少交通事故。

街道瘦身计划的安全性由科罗拉多州近期开展的研究进行论证。这项长达 8 年的研究，对照街道设计因素比较了每年每英里（约 1.6 千米）的交通事故数量。分析表明，每当街道宽度增大，每年每英里的交通事故就呈指数增加。研究结果进一步证明了较狭窄的街道比标准的居住街道安全这一观点，并对最安全的街道宽度是 24 英尺（7.3 米）表示支持。[9]

俄勒冈州针对新居住区制订了一项"街道瘦身"计划，该计划允许居住街道的宽度为单边停车 20 英尺（6.1 米），或者双边停车 26 英尺（7.9 米）。俄勒冈州州政府注意到，此类街道能维护社区特征、减少建设费用、减少暴雨径流、促进交通安全，并可在满足机动车使用的同时，让珍贵的土地实现其他功能。（艾利克·杰科布森）

当狭窄街道向占主导优势的街道标准的沃土发起挑战之时，还可在为了采纳各地方和各州的新标准的不懈努力中，发现一个全面的挑战。其中许多新的标准规范的萌芽，越来越被新城市主义和新传统社区设计（见第五章）所接受。示范条例、地方规范和包含了为街道再设计提供保障内容的州立法律，都已被全国超过 30 个权力机构通过或正处于审核阶段。这些规章象征着在重塑居住社区的形式和设计特征方面进行的广泛尝试。

在此，列举得克萨斯州的奥斯汀市和俄亥俄州的哥伦布市这两个例子。这两座城市都采用了传统邻里开发（the traditional neighborhood development，简称 TND）法规，力图利用互连的街道网和小型街段增进街道的复合功用和改善以行人为本的步行环境。得克萨斯州的奥斯汀市的宣传手册上申明："这种模式令畅行无阻的交通远离居住区的马路和街道。各种类型的社区街道都设计得既适宜惬意的步行，又能满足车辆行驶的需要。通过降低车辆行驶速度，增加行人的户外活动，鼓励了形成社区凝聚力的街头碰面的机会。"[10]

居住街道具有多种使用功能，除了适合汽车通行这一条——它们还是儿童玩耍和成年人休闲的场地，是行人和自行车交通的框架，也是归家的必经之路。它们的设计应该满足以上所有户外活动的需要。（图 a，伊万·本－约瑟夫；图 b、图 c、图 d，唐纳德·艾普利亚德）

在俄亥俄州的哥伦布市，传统邻里开发法规特别呼吁建设出一种各边界之间的距离都在 0.25~0.5 英里（0.4~0.8 千米）以内的适宜轻松步行的社区，且在所有社区内每英亩（约 0.4 公顷）不得少于 5 个居住单元。同时，法规也推荐了一些街道及街段的尺寸种类，其中的每一种都反映出因地制宜的强烈愿望。这些区域本身则是使用城市横切面图的形式得到管理的，图示会阐明这些区域所期望的相互关联。[11] 在哥伦布和奥斯汀两市，居住街道的宽度都已从典型的 36 英尺（11 米）减小到允许双边停车的 25~28

英尺（7.6~8.5米）。典型的60英尺（18.3米）的道路红线已被减小到48英尺（14.6米）。

当各地的努力产生值得关注的变化时，政府和各专业团体的态度也有所转变。1999年，美国运输工程师协会制定了"传统社区开发区：街道设计"方针。运输工程师协会第一次支持并非建立在数字说明标准上的设计实践。更确切地说，这份文件建立了街道网规划及其几何结构的管理原则。它阐释了相关理念及其潜在原则，而不是仅凭坐标图和设计明细条款来施行强制规定。它允许灵活与创新，因此，能为各地带来极为需要的多种因地制宜的形式和功能。

例如，设计方针中并没有特别规定街道的宽度或交通通道的数量，而是强调"街道宽度不应低于容纳正常车辆混合行驶的最小宽度，街道将致力于……这条简单的申明意味着特殊的路面宽度可以小到10英尺（3米）、12英尺（3.7米）或更小。另一方面，街道宽度也可以超过60英尺（18.3米）或更多。假如，设计原则与这些寻求平衡的指导方针都能被仔细阅读并得到得体的运用，那么，对尚处在设计阶段的街道设计采用适宜的尺度就将成为其设计过程中的一项常规工作了"。[12] 这的确振奋人心，能从一个总是过度依赖机械尺寸的工程学规章中看到这种灵活性。这些经过修订的标准允许了多样化的街道设计，这样做只会增强这一公众领域的根基，较少地去迎合汽车行驶的需要。

联邦政府也随之采取相应措施。国会通过了"面向21世纪运输效率行动"（the Transportation Efficiency Act for the 21st Century，简称TEA-21）。新版的"1991年综合地面运输效率方案"（An updated version of the Intermodal Surface Transportation Efficiency Act of 1991，简称ISTEA），拨给建立在新的运输体系基础上的社区工程300.7亿美元，其中也包括了综合运输与土地利用规划的项目。对综合优化运输与设计的态度的改变，促使美国运输部制定《设计中的灵活性纲要》，这一纲要激发了《超越铺装的思考》的议案，并成为敏感触动设计（Context Sensitive Design，简称 CSD）的开端。

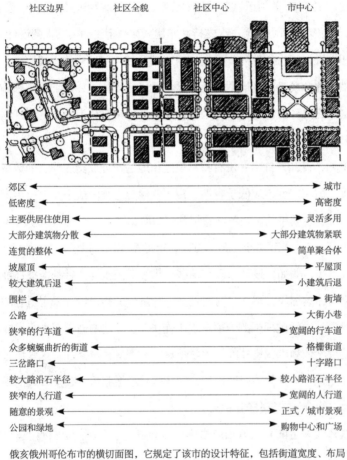

| 社区边界 | 社区全貌 | 社区中心 | 市中心 |

郊区	←———————————————→	城市
低密度	←———————————————→	高密度
主要供居住使用	←———————————————→	灵活多用
大部分建筑物分散	←———————————————→	大部分建筑物紧联
连贯的整体	←———————————————→	简单聚合体
坡屋顶	←———————————————→	平屋顶
较大建筑后退	←———————————————→	小建筑后退
围栏	←———————————————→	街墙
公路	←———————————————→	大街小巷
狭窄的行车道	←———————————————→	宽阔的行车道
众多蜿蜒曲折的街道	←———————————————→	格栅街道
三岔路口	←———————————————→	十字路口
较大路沿石半径	←———————————————→	较小路沿石半径
狭窄的人行道	←———————————————→	宽阔的人行道
随意的景观	←———————————————→	正式／城市景观
公园和绿地	←———————————————→	购物中心和广场

俄亥俄州哥伦布市的横切面图，它规定了该市的设计特征，包括街道宽度、布局以及与特殊城市区域的关系。（哥伦布市）

据运输部所述，敏感触动设计是保护历史环境、风景环境和自然环境的途径，如同其他社区的价值一样，它建立在与迁移性、安全性和经济性平等的基础上。最重要的是，公路和运输工程师们总是得到劝告，要求他们在涵括各学科的团队中工作，其中包括与公众一起开展工作，以期让景观、社区和资源能在工程设计介入之前就得到理解。2002 年，敏感触动设计得到联邦高速公路管理部（the Federal Highway Administration，简称 FHWA）的正式认可，将其描述为一种"环境服务员与流动服务"元素，"应当在与推动州际高速公路系统实施的相同社区中，探索怎样把敏感触动设计原则制度化。"[13] 尽管这种意图值得表扬，但是，在现实中的设计尤其是在居住领域里的设计，仍有待贯彻。

　　近年来，全国掀起一股对交通安抚产生兴趣的潮流，许多社区都投入其中，把它们的街道改造得更适宜步行和骑自行车。与前几十年中的运输政策形成尖锐对比的是，街道不再仅被视作让汽车开得越快越好的动脉线了，它们也被视作必须为多种使用者提供舒适和安全的环境。运输工程师协会和联邦高速公路管理部用出版物和其他资源对这一兴趣提供支持，帮忙统一实施不同规划的社区。正如运输工程师协会所定义的："交通安抚是减少机动车的使用所产生的消极影响的主要切实措施的纽带，它改变了司机的行为习惯，为非机动车区域的街道使用者改善了环境。"[14] 交通安抚措施可以化为多种多样的形式，包括塞楔子、设球状体、铺装鹅卵石、用凸起控制速度，以及道路交叉处的环形道。与交通信号和指示不同，这些举措的意图在于自我强制。它们也被用在与现有街道进行适配上，就像是在设计新街道一样。乌勒夫，或者称共享街道，是在荷兰和英国广泛采用的一项交通－安抚措施，但尚未在它本应被得到重视的美国取得关注（见第五章）。

　　对更多生态设计的关注随着"绿色街道"设计标准的引入，已经开始影响街道设计。梅特渥（Metro），俄勒冈州波特兰市的一个地区机构，正在通过设计手册的方式推动"绿色街道"理念的发展。[15] 在过去的一个世纪中，埋藏在地下的雨水下水道——通过路沿石和街沟系统把街道污水排入附近的排水沟的渠道——成为标准设施。通过这种隐藏系统进行污水处理已经解决了一些主要的环境问题。它们被设计为在道路红线以内对雨水进行过滤，这样做的目的是让河流免受被污染的雨水径流的影响。人工过滤带的形式是洼地、水池或沟渠，用以过滤废水，取代传统的水泥路沿石和排水沟排水系统。行道树帮助过滤雨水，也帮助缓和热度、提高空气质量。废水排水系统和处理系统由此成为日常生活环境中一个看得见的部分，这样也能强化街道外观。

　　肉眼观察土地使用和细分规则的自然衍生后果的困难，是实现更佳的设计与规划时必须克服的障碍。使用强大的但仍容易加以利用的计算工具为各个社区引入多种适用的可选方案，可以帮助它们把这些选择所产生的潜在影响形象化，最终使细分的空间范例多样化。新技术能改进我们把设计备选方案传达给公众的能力。二维地图、制图、图表和电脑

绿色街道取代了混凝土路沿石、排水沟、暴风雨排水系统，它使用人工洼地、沟渠或水池自然地过滤雨水，保护贮水池免受雨水径流污染。（梅特渥）

与人行道平行的自然排水的绿色洼地，丰富了科彻斯特费尔德的街景——位于德国波茨坦市的中转导向开发区。（迈克尔·索斯沃斯）

成像技术，让专业人士能比以往更清楚地解释他们的设计和规划意图。很少有在专业领域以外的东西能被完全释义，更谈不上能理解，它呈现出的面貌将可能被划定在一个属于这种表现方法能描述的空间内。影像工程学的迅速发展，就像互联网呈现的简单自由的界面一样，为这种互动提供了一个独一无二的平台。这一平台正开始提供一种实实在在的表现法，在其中，预想工具被并入决策过程。这种工具赋予原本抽象的环境冲击栩栩如生的效果，考虑了更宽泛范围内的备选场景以及分析工具、相应媒体与认知信息。

视觉互动代码（The Visual Interactive Code，简称 VIC）就是这些原型 中的一种。它由宾夕法尼亚州立大学开发出来，是一种以计算机为基础的系统，该系统运用照片、插图和地图，使各地方政府能够把土地使用规则和规划数据转化成一种建立在简单可视的基础上的方案。[16] 通过利用一种操作简单迷人的绘图界面（图片和数据相互关联并可互换），各地方政府能清楚地向外界展示采用不同规则产生的效果。随着一声鼠标点击声，终端用户就能对比观看开发区的结构、密度测定、街道宽度和后退，也可以观看其他相关的先例。

简单的、交互式的、逼真的表现方法，赋予了原本抽象的标准栩栩如生的效果，考虑了各备选景色，综合了各种信息，是在街道设计变革中的一个必要组成部分。（凯尼恩·福斯特和宾夕法尼亚州立大学）

第一章
砂石质感的城市和风景如画的村庄
英格兰和美国郊区街道设计标准的起源

> 城市里存在的欢乐与痛苦、舒适或艰苦、有效或无用，都将受到从街道地形图中体现出的睿智或轻率的左右。
>
> ——查尔斯·马尔福德·罗宾森，1911 年

古迹中的街道设计标准一瞥

今天的街道设计标准源自古时候的实例与公路修造技术。古罗马的街道标准和路面铺装法令，为现代的道路施工技术与设计打下基础。地中海地区的城市街道以狭窄为显著特征，马车的通行受到管制，由此排除了对较宽街道的需要。此外，炎热的气候让掩隐在房屋阴影下的狭窄街道更能让人感觉舒适。在公元前 1 世纪，古罗马建筑师兼工程师维特鲁威曾建议道，街道应该能调控风向，因为风会令城市潮湿而滋生疾病："当使用护城墙圈出城市地界后，随之就出现了对墙内区域的划分，以及用审视外貌的眼光来安排宽阔的街道与巷道的情况。假如能将风挡在巷道之外，那就是恰当的精心规划的布局。因为，假如风很冷，那么它们将令人不快；假如很炎热，则会传染疾病；假如潮湿，则对身体有害……当城市的诸多角落都被规划得八面迎风时，卷起的气流和天上刮的风将汇成巨大的力量，席卷巷道的每一个角落。倘若街道的走向能避开风向，那么当风刮到建筑物所在街道的拐角时，就可以被分解、挡回，继而消散。"[1]维特鲁威接

着详细指出不同类型的风的名称和特征，以及怎样针对风的类型和特征进行相应的街道布局。

已知最早的关于街道的书面法律可追溯到公元前 100 年，该法律规定古罗马街道的最小宽度是 15 英尺（4.6 米）。[2]这之前的街道修建并没有什么规定。直到公元前 200 年，庞贝城的街道宽度仍是千奇百怪，街道两旁的房屋又矮又小。随着绕柱式房屋或庭院式房屋在公元前 200 年到公元前 100 年间成为时尚，房屋延伸到了街上，形成异常狭窄的连拱走道，颇有点类似于古希腊的城市街道。后来，古罗马采用了这种风格，在古罗马帝国时代达到顶峰。这种修建高耸入云的房屋的偏好，导致又黑又窄的通

像耶路撒冷这样的古代地中海城市中的街道十分狭窄，路面都经过了铺装。在炎热的气候下，狭窄的被阴影掩隐的街道更能让行人感到舒适，并且由于马车交通受到管制，在此没有修建宽阔街道的必要。（伊万·本－约瑟夫）

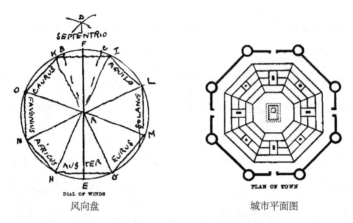

风向盘   城市平面图

古罗马建筑师兼工程师维特鲁威在公元前1世纪写下了一些关于街道布局的著述。他构想出一个可以控制八面来风的八边形的理想城市，并在他关于建筑的论文中对此有详细的分析。（弗兰克·格拉吉尔）

在赫库兰尼姆这座于公元79年被维苏威火山爆发的熔岩埋葬的城市的废墟里的发掘物，揭示出公元1世纪的典型罗马城市街道的面貌。街道狭窄，以石头铺装。一些房屋延伸到街上，形成带有防护性连拱廊的人行道。（阿利纳里 / 艺术资料库，纽约）

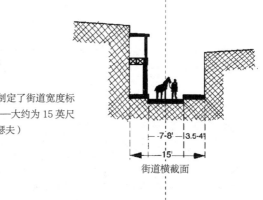

奥古斯都皇帝在公元前15年制定了街道宽度标准。维西纳的宽度——支路——大约为15英尺（4.6米）。（伊万·本－约瑟夫）

道形成，无法满足马车行驶的需要。后来，在公元前15年，奥古斯都不得不规定建筑物的最大高度不得超过60英尺（18.3米），且不能超过6层。他同时颁布了一项新法令，确立街区坐标中的主要交叉中轴线：德库曼努斯（decumanus，意大利语——译者注），即东西主干道，应达到40英尺（12.2米）宽；卡多（cardo，意大利语——译者注），即南北主干道，按规定应有20英尺（6.1米）宽；维西纳（vicinae，意大利语——译者注），即支路，应达到15英尺（4.6米）宽。

古罗马街道通常使用玄武岩石板铺装。街道两旁是垫高的人行道，其表面通常由白榴拟灰岩石材铺装，并且两边的人行道宽度差不多为街道宽度的一半。城外的道路或照此铺装，或至少使用砾石铺装。在公元前47年，交通堵塞成为城市面临的难题，于是凯撒大帝禁止在白天运输，只有公共建筑物需要的物资或者节庆与竞赛物资的运输可以例外。货运马车，包括向城外的垃圾堆放处调运废物与碎石的马车，都只能在夜间出现。

罗马城市的街道，其两旁是垫高的人行道，成为现代街道设计的原型，而正是维阿米里特欧斯（viae militares，意大利语——译者注），即军用道路，成为了当代建造技术建立的基础。在公元300年罗马帝国的鼎盛时

古罗马的维阿米里特欧斯或称军用道路，就像阿皮亚诺古道一样，连接着首都罗马和帝国的外围边境。这些道路成为现代道路修建的原型。（唐纳德·阿普利亚德）

期，大约铺装了 53 000 英里（85 295 千米）的军用道路，用于连接罗马市与帝国的各处国境。典型的罗马道路由四层构成：平石层、碎石层、砂砾层和混合石灰的粗砂层。用于铺装的石头和灰浆涂抹的表面以及一种类似燧石的熔岩，被浇筑在顶层。道路通常宽 35 英尺（10.7 米），其中央包含两条 15.5 英尺（4.7 米）宽的双向行车道，沿路铺装 2 英尺（0.6 米）宽、18 英寸（46 厘米）高的自由形态的路沿石。道路外侧是一条单行道，7.5 英尺（2.3 米）宽。这种基本的剖面和建造技术一直都是欧洲道路修建的标准，直到 18 世纪末。[3]

在公元 476 年罗马帝国解体后，古罗马的许多城市跌入一个持续衰落的时期。随着统治阶级和政权系统的瓦解，土地的管理受到侵害，先前的公共空间如街道被侵占。这种对清晰规范的罗马街道网的侵害，可从博洛尼亚、维罗纳、那不勒斯，以及其他许多古罗马时期建造的城市的街道模式的演变中看出。壮丽的古罗马道路恶化为一个无情的、污水淤积的、肮脏的道路系统，致使长途车辆交通瘫痪。二轮轻便马车和四轮运货马车不得不改为仅供农场和当地使用，地面交通仅能容下人或马。残存的城市艰难地修复与重建它们的边防线。大多数城市被城墙围住，城内仅有一些主干道从城门通往市内主要的核心区域。各地的内部街道只是一些由建筑物的高墙和高过头顶的拱门构成的狭窄通道。街道用石板铺装，通常与台阶混为一体便于行走。

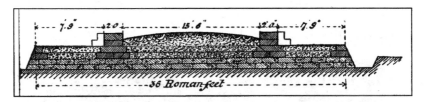

典型的古罗马道路由四层构成：平石层、碎石层、砾石层和混合石灰的粗砂层。顶层的表面是抹平的石子和灰浆。中央两条车道以2英尺（0.6米）宽、18英寸（46厘米）厚的路沿石为边界。外部车道是单行道。这种建造方法一直是欧洲道路的建造标准，直到18世纪晚期。（艾特肯）

古罗马帝国瓦解后，对土地的管理削弱，古罗马主干道情况恶化。占用公共通路的做法司空见惯。街道变得十分杂乱无章，常常相当于由建筑物的高墙阴影缔造出的黑暗狭窄的通道。（迈克尔·索斯沃斯）

　　随着 9—10 世纪城镇的稳定增长，过度拥挤和人口密集成为一个严重的问题。因受到业已存在的防御城墙的限制，建筑物越修越高，并且由于缺乏对建造和土地使用的公共管理，私人建筑侵占了街道空间。缺少环卫便利设施与规章，加上被损坏的铺装路面，更使情况恶化并危害健康，街道污秽不堪。直到 1372 年，巴黎人竟也被获准可随时向窗外乱扔废物，只要他提前向窗外吼三声以示警告即可。

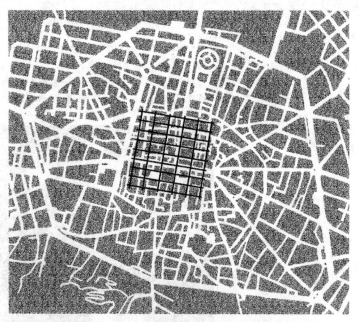

诸如在博洛尼亚这样的城市中可见到的清晰而规则的古罗马城市格栅，在中世纪已经恶化，但是今天仍能看出一些古代格栅的片断。（迈克尔·索斯沃斯）

　　到 11 世纪，欧洲进入人口、交通和贸易膨胀的时代。尽管仍然还有大量未知的路线有待发现，但航海与探险已经发现了开启远东贸易的不可抗拒的前景。随着商人阶层势力的增长，他们开始向城市统治者施加压力，要求改善街道交通网。

　　进入 13 世纪文艺复兴时期，欧洲的建筑师们诸如阿尔伯蒂、帕拉第奥、卡塔内奥和斯卡莫齐再次强调完好的街道布局和方法。莱昂·巴蒂斯塔·阿尔伯蒂（1404—1472），此次文艺复兴的中坚力量，致力于通过学习古代经典建筑来改善他所生活的时代的社会和城市环境。在他看来，优秀的建筑师需要与城市规划相联系，围绕技术性的地点考虑健康的环境、充分的供水、有效的建造技术，慎重考虑街道布局以及设计上的和谐性。阿尔伯蒂提出，可依据城市特征划分出两种街道规划方法。在《建筑论——阿尔伯蒂建筑十书》（*De re aedificatoria*，意大利语——译者注）这本关于建筑法律的经典著作中，他写道："当人们来到城市里，假如城市高贵而有影响力，那么街道应该又宽又直，显示出一种恢宏而庄严的气氛；但是，假如它只是一座小城或只是一个防御筑城，那么最好别让街道直接通向城门，这样较妥善且安全；但是，需要让其中的街道时而向右蜿蜒，时而向左蜿蜒，靠近城墙，特别是靠近倚墙的塔楼；在城市中心地带，为了营造出更堂皇的气氛，别让街道呈笔直状，应让道路以多种方式蜿蜒前行，后退或前进，就像河流一样。"[4]

文艺复兴时期的建筑有秩序地展开，与由经典建筑勾勒出的街道轮廓保持和谐。笔直的街道不仅要求以纯粹的形式来体现它的简单几何形，也要求能为远处的建筑元素展开生动的视野。这种景象，为布拉曼托的街道妙笔生辉。（缪恩兹）

阿尔伯蒂强调迂回曲折的街道的实际运用，将其作为防御外敌入侵的一种手段。他也承认在它们之中潜在的美学。他写道，"此外，这种迂回曲折的街道能让行人移步换景，每座房屋的前部和房屋大门都能直接面对街道中央；而在较大的城镇中，即使再多的街道宽度也并不体面，并且有害健康，但在小城市里，用街道转折的方法为每座房屋开阔视野，则是既健康又令人愉悦的。"他继续谈到私有街道的设计："私有街道应当得到像公有物一样的对待；除非出现这种例外，即它们恰好呈直线排列，以期更好地配合建筑拐角和房屋的分隔组合，则可例外。古时候所有城镇的居民倾向于选择错综复杂的道路和转来转去的弯道，这些道路中没有可以贯穿的通路，假如任何外敌入侵进入了这些街道，那么他就必会迷路，困惑而不知所措，或者如果他斗胆前行，则极易被歼灭。"[5]

这种笔直街道的简单几何形，因其纯粹的形状而对文艺复兴时期的建筑师们产生了吸引力，它产生的吸引力还包括在为了看到城市或宗教地标方面，打开戏剧性视野的潜力。军事战略家也辩论道，笔直的街道在国内动乱或外敌入侵时更便于控制。由此，笔直的街道在中世纪的建设中生了根。在多拉格的要求下，建筑师加莱亚佐·阿莱西（1512—1572）在1550年的热那亚城，设计出了一个早期笔直街道的实例——鲁欧瓦大街。这条雄伟而不朽的街道，在今天仍被称为维阿－伽里巴欧蒂（Via Garibaldi 意大利语，意即伽里巴欧蒂街——译者注），街道两旁是新商人阶级富丽堂皇的宅邸。这条街的设计强调了各宅邸间一致的尺寸和组合阵列，各宅邸排成一线，分布在25英尺（7.6米）宽的铺装街道两旁，街道两边各宅邸的入口处一一对称。为新兴资产阶级的居住而设计的郊区都被设计成直线格栅状，与老城区连为一体。都灵市在它的罗马核心区增加了3个这种扩建的格栅，然后，柏林和维也纳与其他众多城市一道，也相

加莱亚佐·阿莱西设计的鲁欧瓦大街，一个早期文艺复兴时期的笔直街道的实例，建于 1550 年意大利的热那亚。新商人阶级的豪宅对称地排布在狭窄的铺装街道两边。（刊登于《美国的维特鲁威》，1922 年）

继兴建起格栅郊区。

安德烈亚·帕拉第奥（1508—1580），另一位从古罗马的城市规划与建筑中汲取灵感的意大利建筑师，设想出一种理想的城市街道。这种街道的路面需要经过铺装，并应划分出"人行走的场所——从马车和牲口使用的道路中"。为了保护行人免受太阳直晒和雨淋，帕拉第奥建议在街道两边修建有圆柱的门廊："我欣赏那些经过划分的街道，在一边和另一边都建有门廊，穿行其中的居民可以专注于他们想做的事情，免受日晒雨淋

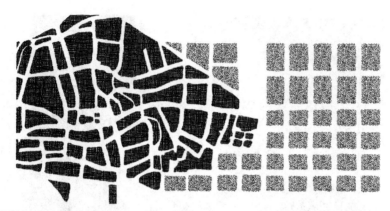

随着城市在文艺复兴时期的扩张，新兴资产阶级居住的郊区呈现格栅格局，与中世纪时期的老城相连。瑞典南部的于斯塔德，就是这样一个把文艺复兴时期的老城延伸至城市核心的实例。（迈克尔·索斯沃斯）

与风雪的干扰。"[6] 为确保排水通畅，街道中央凸起，向两边倾斜。

在城门外，帕拉第奥提议街道的宽度至少为 8 英尺（2.4 米），两旁植树。与城内街道不同的是，街面中部被铺装成拱顶状，仅供行人行走。街道两边由砂和砾石铺装，供马车和牲口使用。路边的路沿石为区隔这两个区域的界线，并与里程碑石相连。

法国人也提出了街道标准。路易十四组织了一个公路和桥梁方面的专家与工程师的联盟——称为"Corps des Ponts et Chaussees"（法语——译者注）——用以监督公众项目。这是首个在欧洲由政府维持的国家工程师团体。1775 年，皮埃尔 - 马里耶 - 热罗姆·特雷萨古特——委员会中的首席工程师，研究出一种新型的相对轻巧的路面，替代了一直沿用的古罗马厚重街道横断面。这种路面是建立在由底层土担当支撑原理的设计基础之上的。在这之前，道路一直按照古罗马的习惯设计，通过很厚的浇筑层承载重物。特雷萨古特的路面剖面由铺装在方形石基上的紧密的优质碎石构成。路面中部凸起 6 英寸（15 厘米），拥有一个 18 英尺（5.5 米）宽的坚固的横断面。

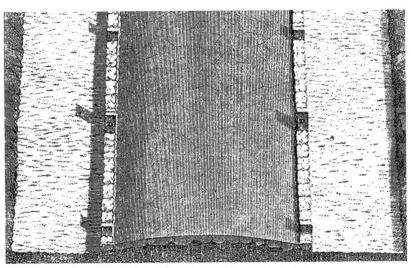

安德烈亚·帕拉第奥，16世纪意大利建筑师，推荐了一种在城门外供人行走的、至少8英尺（2.4米）宽的、两旁植树的铺装街道。街道两旁的车道表面铺装砂和砾石，供马车与牲口通过。（帕拉第奥）

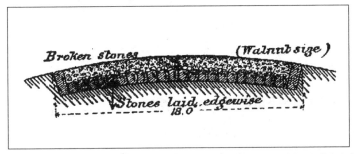

皮埃尔－马里耶－热罗姆·特雷萨古特（1716—1796），欧洲第一个城市工程师组织的领导人，在1775年研究出了一种新的道路修建技术。这种道路远比古罗马那种厚实的道路设计得轻巧，它采用了天然地基，并在以方形石为支撑的表面铺装坚实的优质碎石。（艾特肯）

在英格兰，伦敦威斯敏斯特街的改善工程在1765年缔造出了首个著名的"现代化"城市街道剖面。街道被铺装得低而平整，两边的步行道升高，同样经过铺装，以路沿石区隔。马车道由平滑的花岗石铺装，分别向两旁的路沿石边的细小下水道倾斜。[7]1816年，约翰·劳登·麦克亚当——

约翰·劳登·麦克亚当（1756—1836），英格兰布里斯托尔市的总监督官，发明了一套新的筑路系统，时至今日此系统已经以他的名字命名——麦克亚当。在干透的坚实的底层土上，铺装上经过打磨的碎石层。（美国交通局，联邦高速公路管理部）

布里斯托尔市的总监督官，发动了一场筑路工程，在其中采用了他设计的一种新型道路表面。他的方法是，通过使用已干透的坚实的地下土支撑顶层，让顶层仅作为一种防水打磨层。18 英尺（5.5 米）宽的拱形马车道的表层材料仅为 10 英寸（25 厘米）厚，由直径小于 2 英寸（5 厘米）的小尖碎石构成，碎石呈任意状铺在表层，车辆的行驶使其被压紧。他的方案得到广泛认可，到 1820 年为止，英格兰共有超过 125 000 英里（200 000 千米）的公路采用此方法铺筑。今天的麦克亚当路面即从此诞生，仍在被人们广泛使用。

北美洲早期的公路和街道的铺装，受到殖民地建立与贸易路线的局限。到 17 世纪，公路和街道的铺装已与英格兰同步。考古学上的发掘指出，于 1625 年在缅因州发现的布里斯托尔城的帕玛奎德，是现在得知的第一个进行路面铺装的美国城市街道。考古学家约翰·亨利·卡特兰德将其描述为："一个高出水平面 10 英尺（3 米）的街道短剖面，逐渐展现出的漂亮的斜坡通向小巧的海滩……大块的石头形成我们所俗称的主街道，它有 33 英尺（10 米）宽，包括了街沟或水渠……在这岸边再也不可能找到比这更漂亮的地方了，它与这座要塞是如此亲近。"[8]

美国第一条工程加固道路，是建于 1795 年的从宾夕法尼亚州的费城到兰开斯特市的私人收税高速公路。它长 62 英里（100 千米）、宽 20 英尺（6.1 米），由碎石和砾石铺装。它缺少路沿石，但两边有清晰的未经过铺装的路肩。美国改善路面的大行动始于 1816 年，源自弗吉尼亚州的首个美国州立公共事务机构的创立，这一机构由陆军上校洛米·鲍德温领导，他是一名高瞻远瞩的工程师，被称为"美国土木工程学之父"。这次行动，诞生了一个集权力和资金于一体的团体，要求从此以后必须依靠这一团体中的首席工程师或监督员来监督公共工程。随后，1817 年在南加利福尼亚州和 1835 年在肯塔基州都采取了类似的行动。这些行动的主要结果是，采用麦克亚当技术革新了路面，其中首次采用这一技术是在 1823 年的马里兰州。随着铁路的铺筑成为世界主流，事实上从 1840—1900 年，公路的铺装在接下来的岁月中停顿了超过 60 年，仅局限在迫切需要改善的城市路面中进行。

陆军上校洛米·鲍德温（1780—1838），被视为"美国土木工程学之父"，曾在弗吉尼亚州领导美国州立公共事务机构，这一机构是美国此领域的第一个机构，发起了许多改进公路的工作。（《拉威尔及其附近地区插图史》，1897 年）

北美殖民地时期，街道建设受到限制，但到17世纪时，街道也使用砾石或大石头铺装，紧紧跟随着英国的脚步。（迈克尔·索斯沃斯）

美国首条碎石路面于1823年建成，位于马里兰州的汉格斯通和布恩斯伯诺之间。铺装完毕的路面中部厚15英寸（0.4米），路宽20英尺（6.1米）。它填平了从切萨皮克海湾的巴尔的摩到俄亥俄河的威灵之间的未能改善的最后的公路沟壑。（美国交通局，联邦高速公路管理部）

英格兰的第一批城市郊区

在英国工业革命时期，城市道路的设计与改善时常要考虑到城市环境的拥挤和退化。《利兹市劳动阶级状况报告》写道："让我们想象在街上占有一间房间的贫穷家庭，由丈夫、妻子和 5 个孩子组成，其中 2~3 个孩子处在青春期，住在尽端路中，或住在一条无下水道的未经铺装的街道上，这 7 个人，每人本应当需要 600 立方英尺（17 立方米）的生活空间，现在却挤在一间不超过 1000 立方英尺（28.3 立方米）的房间里……父母和孩子不论冬夏都在早上 5：00 起床，在别处有害的空气中劳作……晚上回到狭窄的空间中，周而复始一成不变，因为没有能力去改善，这该归咎于存在漏洞的环境卫生管理，或者完全对他们的无视——抱有这种想法的人，画了一幅画，画面上任何制造业城市的剧院都在千里之外。"[9] 对街道空间的开发，完全在缺乏对由于人口的增长对环境造成的影响的任何管理情况下进行。1842 年，在利兹市的近 600 条街道中，只有 86 条受到市政监管，设有下水道，进行过路面铺装。[10]1844 年，《大城镇与人口密集地区国家专员的第一次报告》在伦敦出版，呼吁对街道设计的彻底反思。它认为，规范街道的宽度与走向是控制增长和确保长期规划的根本。委员会制订出了一项百年大计："对街道的拓宽和整顿应当统一规划，而不是随意地改善某一条街道。每条街道的最终特征都应当是，在官方地图上标注出的一条假象的中心线条，所有未来沿其布局的建筑线路可以由此得到控制。既然旧房屋已被损坏，就应当拆除，在距原址后退一定距离处竖起新的建筑物。"[11]

为了避免工业城市中苛刻的物质和社会环境，大量的城市居民选择在城乡边界的新开发区居住。这种城市边界的郊区的起源可以追溯到 18 世纪晚期至 19 世纪早期的伦敦。那时，富有的银行家们和商人开始试验能反映出他们对工业城市持有的变革态度的房屋形式。阶层混合的社区中紧张关系日益增加的生活和城市物质环境的剧变，刺激了对种族隔离的寻求。资产阶级期盼出现按照阶级区分的纯粹居住性社区，期盼出现能关注新涌现的核心家庭的社区。[12] 这些家庭希望远离工作场所的侵扰，寻求把工作区与居住区分开。伦敦的上流社会开始放弃城中心的工作生活一体化的居所，搬迁到坐落在城市边缘的农垦荒地中的城郊别墅去。他们意识到："拥有私人马车和充裕的资金，他们再也不必局限于传统意义上的城市区域。在远离尘嚣的相对廉价的土地上，他们得以建立一种体现人生价值的、专属的、愉悦的家庭生活。"[13]

随着郊区生活理念从上流社会传入中产阶级，对更多建筑用地的需求增加。与此同时，城郊的土地持有者从这种新生活模式中获利。他们面临的挑战只是去设计出能令新买主心动的社区而已。约翰·纳什对此颇有心得。

约翰·纳什与园林村

田园诗般的郊区最初出现在17—18世纪的油画、哲学和文学作品中，表达了对乡村生活价值和风景如画美景的理想。临近18世纪末，景观园林师们、施工人员和建筑师们开始将此付诸实施。从1790—1810年，超过100本关于风景如画的农庄生活模式的书问世。建筑师约翰·纳什和景观园林师汉弗莱·雷普顿，是英国设计风景如画乡村运动其中的领导人。1752年生于底层社会的纳什，是威尔士一个磨坊工的儿子，但他成功地进入了大不列颠的社交圈，最终结识了许多颇具影响力的人物，其中包括雷金德王子。纳什满怀抱负与信心，兼具想象力与机智，但同时盛气凌人、不修边幅。在给约翰·索恩的一封信里，他把自己描述为"厚实、矮胖、发育不良的体形，圆头，塌鼻子，小眼睛"。[14]

约翰·纳什（1752—1835），一位具有远大抱负的建筑师，国王乔治四世的朋友，推进了风景如画风格设计的发展。在他众多的项目中，是他那被冠以第一郊区之名的园林村，成为了领导后世的浪漫郊区规划的先驱。（英国皇家建筑协会）

对首次实现风景如画的郊区理念的称赞应当给予纳什，他把风景如画的设计运用到建筑和城市设计中。他最早试验风景如画的村庄形式的项目是布雷斯·哈姆雷特，一个位于格鲁塞斯特希尔的庄园，靠近布里斯托尔市。那是他为 J·S·哈佛——一个贵格会教徒银行家——所设计的，始建于 1810 年，旨在为哈佛的退休佣人们提供住处。哈佛本人显然是酷爱风景如画的景观风格的狂热分子，因为早在 1796 年，雷普顿就已在他汇总整理的红皮装订册《致布雷斯的红皮书》中为这片地产描绘出了可能的、改善后的外观。雷普顿的儿子乔治·斯坦利·雷普顿协助纳什在布雷斯·哈姆雷特工作时，将雷普顿的思路融入其中。纳什将村庄置于庄园的树林之中，设置了 9 个不规则外形的乡村风格的农舍，沿着一条环绕中心绿地的狭窄小路不规则地排布。精心设计的排布地点令身行其中的人视野开阔，而绝非仅仅是在某点视野才会占优势。每所农舍都设计独到：拥有精细的烟囱、茅屋顶或瓦屋顶、屋脊、三角墙、屋顶窗、凸窗，布满常春藤、忍冬、玫瑰花和茉莉花。

这座浪漫的乡村，在一位名叫赫曼恩·帕克－玛斯科的德国王子的旅游杂志上被大力宣传，王子本人很崇拜纳什及其作品。除了对贫穷年迈的居住者的描写外，这位王子在文中描述的场景更适合用来描述后来的葡萄酒郊区。当王子在 1823 年参观过布雷斯·哈姆雷特后，将其形容为树林中的美丽绿地："……其中建有9个农舍，采用各不相同的外形和材质……
每一座都被不同的树环绕，饰以各式各样的铁线莲、玫瑰花、忍冬和蔓藤。
寓所被完美地区分开，虽然它们是统一的群体，但仍拥有各自的花园，共
同环绕着一个喷泉，喷泉位于绿地中心，被大树绿荫掩隐……花园，由整
齐的树篱分隔，形成一个环绕村庄的、十分具有魅力的、由花草组成的花

风景如画运动褒扬了乡村价值和乡村风光。在 1790—1810 年间，共有超过 100 本关于风景如
画的农庄的范本出版。上图来自 W・S・波科克在 1807 年出版的一系列名叫《乡村农庄的建筑
设计》《风景如画的住所》《别墅》等手册。（波科克，环境设计图书馆，加利福尼亚大学伯
克利分校）

环。最难得的是，居民们全是贫困家庭，慷慨的领主让他们在此免费居住。没有比这儿更好的庇护所了：完美的隐蔽，可惬意地'呼吸'世上的和平与安宁。"[15] 布雷斯·哈姆雷特，意味着退休后的一个安详的居所，几乎在瞬间吸引了众多目光。今天，它是一处国家信托地产。

作为雷金德王子（1820年继位的乔治四世）的朋友的纳什，接受了王子的选派委任，被指派为树林和森林办公室的建筑师。纳什对新园林和街道构想的创意——雷金德园林和雷金德街，位于玛丽伯恩园林原址上的一处皇家地产——深深地打动了雷金德王子，于是，在1810年，他要求纳什拟出一项计划。这是一个风景如画的理念，园林拥有56个分散的花园别墅，各景观和建筑元素引起移步换景，以雄伟的观赏性房屋和公寓排布勾勒边界。

因为受到在布雷斯营造出风景如画的村庄的好奇心的驱使，以及为了自娱自乐，纳什决定，在位于迅速开发的伦敦边缘的新园林的东北角这一处更为城市化的环境中，尝试新的构想。其结果是诞生了园林村，一个比布雷斯·哈姆雷特更富有城市意味的风景如画的乡村，成为了领导后世的浪漫郊区规划的先驱。附近的圣约翰树林，一处从1794年开始规划的、几乎与园林村同时开发的伦敦郊区，是伦敦第一个在联排房屋所在区域内接纳独立式和半独立式房屋的地区。园林村由两部分组成，因其跨越了雷金德运河，故而它被建成利用驳船和小船向市场和船坞运货的大运河交汇点的扩展部分。雷金德运河同时也作为雷金德园林的景色元素之一，并作为湖水的水源。作为纳什的最后几个工程之一的东园林村，于1823年筹备，次年动工，那时纳什已经72岁。他的规划尽力避免了18世纪的城市所固有的街道和广场格局，房屋被规划成风景的一部分。所有缔造风景如画乡村的元素都计划在案：设有人行道的蜿蜒街道、风格各异的房屋、舒服的视觉感观，以及诸如水、树、地形变化等景观特征。大部分房屋成对修建，令其看起来更像宅邸。在 1900—1906 年扩宽铁路时，原有的 50 座房屋被拆了一半，位于雷金德运河这一片的园林村的村落现在已被填平。

像纳什的布雷斯·哈姆雷特那样的村庄，全部采用田园诗般的风景如画的风格建造。这张图展现的是在某个村落中的一座想象中的农舍，来自 1823 年出版的 P·F·罗宾森的手册《乡村建筑或装饰性农庄的系列设计》。（罗宾森，环境设计图书馆，加利福尼亚大学伯克利分校）

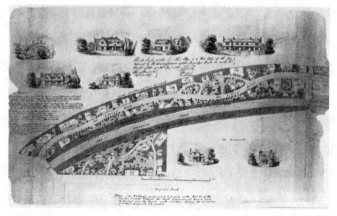

1823 年，约翰·纳什开始着手建造东园林村的工作。东园林村地处不断扩大的伦敦边界上，其中的独立式和半独立式的房屋沿着雷金德运河分布，毗邻雷金德园林，呈现出类似花园般的布局。所有用于营造风景如画风格的郊区的元素全部被展现出来。（公共记录办公室，伦敦）

园林村弯曲的街道是营造风景如画郊区的一个重要组成部分。（伦敦市政厅图书馆）

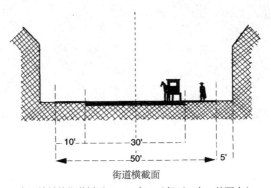

街道横截面

东园林村的街道剖面，1823 年。（伊万·本－约瑟夫）

　　西园林村，背向阿尔贝利街，其境遇要好得多，迄今为止它仍是令人耳目一新的优雅的社区设计。围绕在狭窄的环形街道上的房屋各不相同，包括独立式和半独立式房屋以及一排超小型房屋。以塔楼作为导向坐标，景色随着人的走动而舒展变换。1835 年，纳什去世后，大部分工作由纳什的门徒和继承者詹姆斯·彭尼索恩完成。

　　在纳什的庇护人乔治四世 1830 年去世后，对纳什充满敌意的无数的诋毁者极尽所能要"干掉纳什"，致使他突然被解除了把白金汉宫改造为一座官殿的任命，这些反对者中包括威灵顿公爵，于是，纳什退休了，住在他的乡村寓所中，1835 年在此与世长辞。维多利亚时代的人痛恨纳什以及他所代表的风格，直到 20 世纪，纳什的成就才被认可。纳什为园林村所做的设计，符合当时寻求在城市乡村边境居住的人的需要。他综合利用并借鉴了一系列的风格，将其融进风景如画的村庄设计中，令设计具有花园般的城市布局特征。纳什从郊区风格散乱的元素中提炼出设计公式，将郊区开发转型为可复制的产品。

西园林村的街道狭窄而迂回曲折，让景致能逐一展现。大多数房屋成对建造，以便看上去更像宅邸。（迈克尔·索斯沃斯）

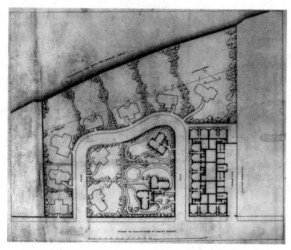

上图为西园林村的细节平面图。（公共记录办公室，伦敦）

奥姆斯特德、沃克斯与美国城郊

　　始于 19 世纪中叶的美国铁路系统的扩张，是美国城市化的主要推动力，随之而来的是随处可见的直线格栅规划。标准化的城镇地区图常常被反复运用——在伊利诺伊州，同样的地区图被重复运用了 33 次！当工业化席卷全美时，反对城市化的态度油然而生。几位深具影响力的作家帮助美国人建立起对郊区生活的态度。这其中包括凯瑟琳·比彻、安德鲁·唐宁、卡尔弗特·沃克斯和弗雷德里克·劳·奥姆斯特德。凯瑟琳·比彻（哈丽特·比彻·斯托的姐姐），是牧师莱曼·比彻和一位反对奴隶制与酗酒的自由主义空头理论家的第一个孩子。作为对妇女接受教育的早期拥护者，她深信妇女占据了道德优势，并深信男性和女性在生活的许多领域中存在差别。在她编著出版的 25 本书中，最具影响力的是畅销书《论家庭经济——献给年轻的家庭主妇》，此书于 1841 年出版。通过著述，她提倡一种在半乡村环境中的 1~2 层楼的农舍里居住的理想家庭生活。

　　与凯瑟琳·比彻思想类似的是景观设计师安德鲁·杰克森·唐宁，他把在美国倡导乡村郊区生活视为树立道德影响、文化秩序与社会结构的途径。1850 年他写道："当明媚的草场和颇为雅致的农舍开始装饰一个乡村时，我们便知道建立了秩序和文化……每一户家庭对人们来说都具有一种极大的社会价值。不论需要何种新系统来复兴这个古老而衰弱的国度，我们都相信，在美国，不仅是显赫的家庭能成为最好的社会形式，而且在极大程度上，那些可以追溯到农场房屋和乡村农舍所产生的天赋和最优秀的人格的基础力量也是……乡村家庭的隐居与自由永恒地维系着……国家的纯净，激发出生机勃勃的充满智慧的力量。"[16]

铁路的发展带来了标准化的街道规划图，这种格栅模式被反复采用，只因为它易于勘测、规划且再次细分十分简单。（威廉·加纳特）

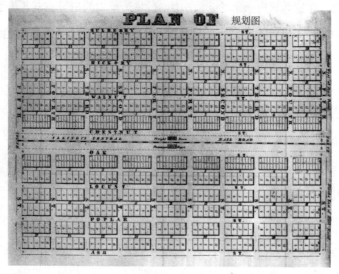

为发展铁路系统，联邦政府把大量的土地划归铁路使用，致使铁路公司成为真正的土地开发商。他们通过使用千篇一律的城镇平面图，能在一夜之间就建起一个城镇，贴上拍卖标签。伊利诺伊州的中心地带曾根据同一张平面图，修建出33个独立的城镇。（贝克尔图书馆，《历史汇编》，哈佛商学院）

19世纪为了应对工业化，很多设计师和作家寻找着回归乡村生活的模式。凯瑟琳·比彻在19世纪中叶写了一本关于家政方面的深具影响力的书《美国妇女的家》，推动了乡村生活的发展。该书描述了理想中"健康而经济的房屋"，即在一片田园诗般的景致中的风景如画的住所。（班克诺夫特图书馆，加利福尼亚大学伯克利分校）

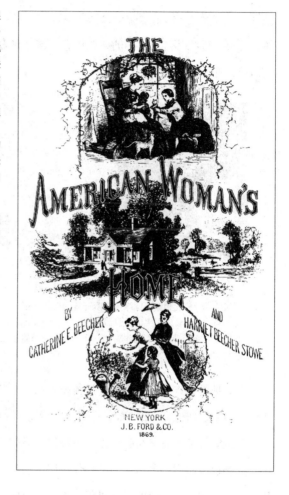

《美国妇女的家》
作者：凯瑟琳·比彻与哈丽特·比彻·斯托
纽约J·B·福特公司出版，1869年

　　英国风景如画的设计传统深刻地影响了美国的建筑师和设计师，如唐宁、沃克斯和奥姆斯特德都受其影响。唐宁和奥姆斯特德都在1850年前后去欧洲参观过，唐宁说服了出生在英格兰的沃克斯来到美国实践理想。奥姆斯特德对约瑟夫·帕克斯顿（1803—1865）和约翰·纳什的作品中所宣示的新英国设计潮流颇感兴趣。在1850年参观伦敦和利物浦期间，奥姆斯特德偶然见到了能作为他日后担任一名园林设计师兼郊区规划师的规划作品的原型——伯肯赫德公园及其周边郊区。弯曲的道路、舒展的景色，是英国传统郊区设计中的典型代表，这些成为奥姆斯特德今后在美国实施设计的准则。

弗雷德里克·劳·奥姆斯特德（1822—1903），纽约中央公园和波士顿绿宝石项链公园的设计师，是一名郊区生活的强烈拥护者。《国家公园服务礼节》，弗雷德里克·劳·奥姆斯特德国家历史遗址）

卡尔弗特·沃克斯（1824—1895）来自英格兰，在诸多项目上与奥姆斯特德共事，如纽约中央公园和伊利诺伊州的里维塞德。（《国家公园服务礼节》，弗雷德里克·劳·奥姆斯特德国家历史遗址）

奥姆斯特德作为城市设计师进行纽约市中央公园设计的经历，更加强化了他对郊区居住方式的信念。在对城市寓所状况的反思中，他申明道："在郊区能发现所有最有吸引力、最精致、最健全的家居生活形式，能发现对人类已经达到的艺术文明的最佳应用。届时将会看到，对郊区生活的需求——伴随着对文明的提炼过程，不但不会成为具有城镇生活特征的一种生活倒退，反而是凌驾其上的一种进步，没有任何大城市能在缺少广阔郊区的情况下长久存在。"[17] 奥姆斯特德把城市里惨淡的居住状况与美国城市的现行规划联系起来。他与景观建筑师 H·W·S·克利夫兰一起，批判街道格栅系统造成的矩形街区与过度拥挤的联排房屋。奥姆斯特德甚至批判在纽约市的富人住宅区中流行的联排房屋，把它们形容为："一种对外告示，宣告不可能在纽约市建立起能适应单个家庭的文明需求的、方便且具有品位的居住区，除了让有钱人也望而却步的房价外。"[18] 他对格栅的反对、对曲线形道路和独立式住宅的接受，在他所提倡的安静祥和的、田园风格般的郊区理念中集中体现出来，这些与城市环境中倡导的经济性的、呆板的秩序形成鲜明对比。

奥姆斯特德在城郊社区设计上进行的早期尝试之一，是 1866 年他为"位于奥克兰附近的加利福尼亚大学伯克利分校地块改善工程"所做的提议。奥姆斯特德的规划是，在业已存在的、环绕大学的矩形街区和街道附近，做出一个并列规划。他解释道，质朴的、充满乡野气息的社区能提供"一种隐居的惬意，一种开展外界活动的舒适度，而并非一处追逐奖学金的境地"。[19] 为了达到设计目的，奥姆斯特德要求为营造设想中的环境而创立一种特殊的街道规划：街道依照地形建造，提供舒适的通道，当从室内向外看时能看到最佳的景致。他写道："那么，为了改善此地区，参考其居住情况而得出的主要规划要求应当是：第一，就照这样沿着私人住宅安排道路，以确保绝大多数的住宅能面向最佳景观；第二，这种规划道路和公共土地的方法，能为私人住宅的主人带来称心如意的与外界交流的情况。这些可从如下方面体现出：首先是使用方便；其次是拥有颇具魅力的边界；最后是可观览若有若无的远景和整体景观。"[20]

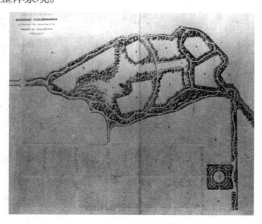

1866 年，奥姆斯特德设计了一个伯克利社区，其中包括大学校园，这是他最早对城郊社区进行的设计尝试之一。他在展开街道与地块规划时，特别关注自然地形和自然风光。皮德蒙特大道（沿平面图右边缘布局）是唯一遵照计划表建成的部分。（班克诺夫特图书馆，加利福尼亚大学伯克利分校）

　　除了主要街道之一的皮德蒙特大街外，伯克利工程的其他部分由于经费的原因再也没动过工。奥姆斯特德和沃克斯最终借由 1868 年伊利诺伊州的里维塞德的郊区规划，实现了他们的居住哲学，此规划把 1600 英亩（647 公顷）毫无特征的"低平、泥泞、被遗弃的土地"转变成风景如画的景观社区。[21] 绿树掩映的公路，以及"优雅曲折的线条、充裕的空间、毫不尖锐的转角"，都得到了精心规划，与那时流行的城市街道格栅进行的对比，"谕示出愉悦、冥想和安宁"。[22] 为了营造视觉上的享受，房屋从道路边缘至少后退 30 英尺（9.2 米）。"我们无法明智地控制人们即将修建的房屋式样，我们最多只能考虑到，假如他们建造了非常丑陋且不合时宜的房屋，那么在我们经过这些房屋的所在地时，怎样让它们不会令人讨厌地吸引我们的注意力。我们能规定的是，在距离高速公路一定距离内不准建房，我们还能坚持要求每幢房子的主人在他的房屋与正对的高速公路之间保留 1~2 棵树。"[23] 他们给居住性道路设定的宽度是 30 英尺（9.2 米），两边都设人行道。在人行道和公路之间是植树带，这是奥姆斯特德和沃克斯第一次在郊区规划中系统地实施这一特征。这种介于公路和人行道之间、提供自然而栩栩如生的分隔的、在道路上植树的形式，可能是受到 19 世纪 60 年代奥斯曼为巴黎大道制定的植树设计计划的影响，它成为美国郊区景观中的杰作。在接下来的 10 年中，奥姆斯特德和他的追随者们在全国设计并建造了许多类似的郊区，包括马萨诸塞州的布鲁克林、昆士的森林山地花园、堪萨斯城的乡村俱乐部地区，以及洛杉矶的帕洛斯·威德斯。

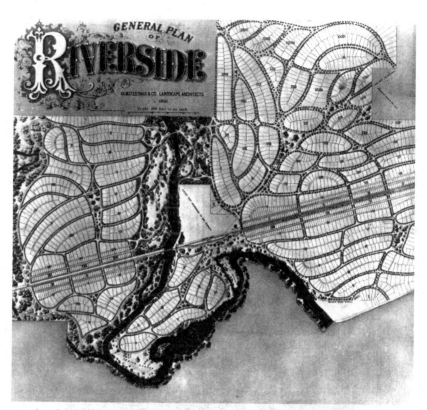

1868 年，奥姆斯特德和沃克斯终于在伊利诺伊的里维塞德实现了他们的郊区设想。他们的设计把一片毫无特征的土地转变成一处浪漫的、风景如画的景观。（《国家公园服务礼节》，弗雷德里克·劳·奥姆斯特德国家历史遗址）

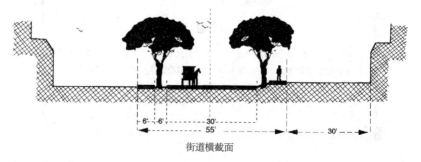

街道横截面

沿河街道剖面。（伊万·本-约瑟夫）

第 12 页

1871 年的里维塞德

车道

里维塞德建成的通路将拥有 40 英里（64.4 公里）长的（马）车道，它们类似于纽约中央公园里的车道，全都具有平缓的坡度、平坦的路面和充足的排水沟，并且耐暴风雨和冰雪的侵蚀，无论冬季、春季还是夏季都同样适用。修筑这些道路需要一笔巨额资金及维修费用，这笔经费将首先用于分离泥土或沙地土壤中的植物性杂质，其次用于在整个路基表面覆盖一层 1 英尺（30 厘米）厚的碎石，并在之上铺筑 3 英寸（7.6 厘米）厚的砂砾，然后用于将其碾压成一个兼顾平稳的路面。里维塞德公司从欧洲引进了专利产品——蒸汽路面压路机，重 15 吨，他们曾在修筑里维塞德的通路中使用过这台机器。这种压路机最近已在伦敦和巴黎的公园建造中投入使用。

漫长的道路共有地和交叉点景象

步行道

里维塞德将需要大约 80 英里（128.7 千米）长的步行道，这些步行道将被设置在公路两侧，沿河岸蜿蜒，并穿越公园和里维塞德边界。这些步行道全都恰当地实施坡度分级，由特立尼达沥青、煤焦油和砂砾铺筑，在温度尚高时碾压成型，用以营造经久耐用、坚固、平坦且令人感到惬意的散步场所。

1871 年，为里维塞德所作的宣传小册子，其中着重指出这里优质的街道环境既适于在其中驾车行驶，也适宜步行。（里维塞德历史博物馆）

里维塞德的街道设计成为美国郊区规划的原型。条条街道富有韵律般地弯曲，沿街植树，植树带位于人行道和公路之间。沿街房屋后退至少30英尺（9.2米），由此，街景成为主要的视觉景色。（里维塞德历史委员会）

第二章
有益城市健康的秩序井然的街道
对城市杂乱无章的社会反响

> 尽管街道宽度与排列的标准化是规范不动产细分的一种方便而省力的方法，但是也不能强行要求它深具远见。

——查尔斯·马尔福德·罗宾森，1911 年

在 19 世纪晚期，城市环境的混乱被认为与一些社会问题有瓜葛。过度拥挤和卫生状况的恶化，被深信引起了社会与道德的沦丧。社会与健康改革者们提出，可以通过改善环境来很好地控制不可避免的、社会杂乱无章的状态："以往的经验显示，居住在干净、安静、秩序井然的街道上，卫生设施和清洁度都保持良好的廉价公寓中的人，通常情况下，会让他们的寓所保持干净整洁，他们全部的举止也是自尊的一部分。"[1] 当改革者们发现改善内城环境所面临的困难时，其中的许多人便开始呼吁所谓多种中心分散发展的模式，把市中心的人口分散将是解决城市困境的完美方案。郊区化被视为其中的中坚力量，不论是在乡村城市化上还是在复苏城市活力上都是如此。一些人把郊区视为将强调重点从所有权向人类进行的转换："一间或两间公寓房，没有阳光，几乎不透气，其租金却足够在迷人的郊区支付租住一套舒适房屋的花销——所有这一切简直比滑稽剧本还糟。这简直就是犯罪。"[2] 郊区化也可能为工业工人带来更好的生活："针对工薪阶层进行的郊区化对社会经济来说是一个大好时机……应当是由我们来判断这种发展是否将导致城市贫民窟对开放乡村的污染，或者花园式

社区是否会蔑视我们城市化所产生的荒凉恐怖，从而给男人、女人和孩童带来一种生活和工业上的重生，带来一次为人类服务而不是奴役他们的机会……昨日的城市乌托邦能在我们开发城郊的时代里实现。"[3]

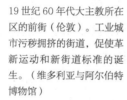
19 世纪 60 年代大主教所在区的前街（伦敦）。工业城市污秽拥挤的街道，促使革新运动和新街道标准的诞生。（维多利亚与阿尔伯特博物馆）

1888 年纽约玛尔贝利拐角的邦迪兹居民区。雅各布·里斯记录下了纽约街道这一肮脏的状态。（里斯收藏品，纽约城市博物馆）

"拜 - 诺" 街道

对更好的生活环境的需求——光线、空气、清洁及摆脱街道的拥挤——促使管理公共事务的官方权威的介入。在英格兰，1875 年的公共健康行动创立了"拜 - 诺"街道①[the "Bye-Law"（sic）Street]②法令。宽阔的、铺装笔直的街道产生的视觉效应令当局神魂颠倒，他们认为这是根治他们所在城市弊端的最佳方案。受 17 世纪欧洲新古典主义城市设计中的整齐划一的启发，官员们错误地采用了此举来修复工业城市的境况。在利兹市的一项工程中，动迁了 238 户居民，拆除 59 幢寓所，目的是为了释放出更多的街道空间。[4] 不幸的是，统一的规划和呆板的设计并不适合营造一个居住环境："过去的亲密荡然无存……也看不到任何来自自然的缓和迹象——街道与房屋之前没有树或草。街道被扫得一尘不染，以致足以让人达到一种情感空虚和被彻底无视的境界。"[5]

作为新街道标准的范本，19 世纪英国的改革者们遵循着欧洲新古典主义的城市设计。1808 年，弗雷德里克·威贝瑞勒设计的笔直且始终保持一致的街道，虽然显得干净而井然有序，但几乎不能让公众产生愉快的心情。（弗雷德里克·威贝瑞勒）

①译者注释："拜 - 诺"系翻译时采用的音译译文，是"控制发展的规则或条例"的意思。
②迈克尔·索斯沃斯注释：原书出现"Bye-Law"和"By-Law"两词，为相同含义，英国的习惯用法为"Bye-Law"，而美国的习惯用法为"By-Law"。在这种情况下，"Bye-Law"的拼写是奇怪的，所以我们插入"sic"来表明这不是我们的拼写错误。"sic"是拉丁文术语，用来表示文本的引用与原始资料完全相同。

　　尽管英国的拜－诺街道设计并不能满足居住需要，但它强调光线、空气和畅通的原则却一直处于非常突出的地位。拜－诺开发区在英国的工业城市里蔓延，包括在伦敦和今日幸存下来的区域，如福尔汉姆，这个地方在 20 世纪 80 年代经历了从中产阶级向劳动阶级居住区的转变。对这一规划中异常单一、极度沉闷的表达形式，在西汉姆和东汉姆可见一瞥。拜－诺街道的典型特征是非常长且十分笔直，相互平行的街道呈格栅状排列。构成其外部框架的一排排 2~3 层楼高的砖房，在规划和式样上异乎寻常地相同，整体观感单调得令人生厌。然而，从街区到街区的某些处理会发生变化。在福尔汉姆，一条街上的房屋很可能有一层楼全是凸窗，而在街对面可能有两层楼全是凸窗；某一条街上可能植了树，另外一条街上也许什么都没有。在一条街上产生变化的主要元素是砖墙立面粉刷的颜色。"拜－诺"街道法令的主要影响是，为居住街道的宽度制定出 40~50 英尺（12.2~15.3 米）的道路红线，作为居住街道的一个标准外形，这也是一项沿用至今的标准。

在 1875 年颁布"拜－诺"街道法令之前，庞大的伦敦拥有许多像福尔汉姆这样的半农村区域，其间有商品菜园、农场和小型的村庄中心。（1867 年，《怀尔德的伦敦新规划》，班克诺夫特图书馆，加利福尼亚大学伯克利分校）

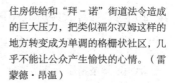

住房供给和"拜－诺"街道法令造成的巨大压力，把类似福尔汉姆这样的地方转变成为单调的格栅状社区，几乎不能让公众产生愉快的心情。（雷蒙德·昂温）

典型的"拜－诺"街道是冗长而笔直的，街道两侧排布着设计式样极度一致的房屋，行道树稀少。（迈克尔·索斯沃斯）

贝德福德园采用"拜－诺"街道

当"拜－诺"街道法令于1875年生效时，开发商乔纳森·T·卡尔获得了伦敦西面的24英亩（9.7公顷）橡树地，打算建造一个城郊社区——贝德福德园。卡尔与他的建筑师E·W·戈德温都意识到了现有的大片树林的潜力，因此他们拒绝了"拜－诺"街道规划中呈现出的光秃秃的、规则的统一模式。他们的方案是依照植被的自然分布结构进行规划。贝德福德园围绕着一座教堂与特汉姆·格林车站附近的一片商店之间的一小块绿地建立起来，被宣称为"世界上最健康的地方"。[6]有时它还被称作"第一个花园城郊"，是个舒适的、具有亲和性规模的区域，拥有通向当地商店、服务区和运输区的极佳通道。街道大致从村庄绿地向外呈辐射状，街道两边设步行道和植树带。尽管只是小型开发区，但街道仍然借由建筑的变换和不规则的街道模式营造出许多相异的视觉观感。街道通常是在某种建筑景致中转向或终止，而非止于空洞的街道，因而产生了一种非常亲切的乡村感觉。尽管街道的道路红线保持在 40 英尺（12.2 米），但大部分街道的实际铺装区域仅为 26 英尺（7.9 米），两边可停车。房屋后退 12~20 英尺（3.7~6.1 米），使得小前院或庭院能成为房屋与街道之间的、私人与公众之间的有效过渡。其间，许多房屋由诺曼·肖用安妮女王复兴风格设计为红砖白木修边。虽然总共只有 9 种建筑式样，但是门廊、围栏、大门、屋顶窗、三角墙、凸窗和烟囱的设计都体现出了丰富的建筑外观变化。主要房屋类型是联排房屋和半独立式房屋群，它们常被设计成外表看似大型独立住房的式样。由于在 19 世纪晚期住房不设车库，因此，车辆通常停在街上或者停在经由原进门处的花园改建成的经过铺装的前院里。

保护完好的已长成气候的行道树是一种强有效的统一元素，它们令贝德福德园从伦敦周遭的传统城郊中脱颖而出。根据 1881 年的《坎贝尔杂志》所述："这些街道的突出特征是彻底消除了呆板——那些常常参与营造其他城郊的令人感到恐惧的秩序以及面目可憎的一排排房屋的呆板。"[7] "所有的其他道路看起来都是在树和房屋的掩映下终止的，形成了连贯的视野，仿若建筑得到了自然的点化。"[8] 贝德福德园的街道规划是对"拜－诺"街道的首次挑战。贝德福德园对

诺曼·肖采用安妮女王复兴风格设计了贝德福德园里的许多房屋。（豪斯诺图书馆网，《地方研究汇编》，奇斯维克图书馆）

笔直狭长的街景、了无生趣的宽度与均一性的拒绝，激发出以后的城郊街道设计师们质疑官方法令的灵感。贝德福德园也经住了时间的考验，时至今日，它仍然是伦敦最令人愉快、最适宜居住的社区之一。

E·W·戈德温在1875年为贝德福德园所做的规划中，尽力避免出现荒凉沉闷的"拜-诺"规划。曾经贝德福德园被称作"第一个花园城郊"，街道从村庄绿地和运输车站开始向外呈辐射状。大部分街道在某种建筑景致中转向或终止，而非止于空洞的街道。（豪斯诺图书馆网，《地方研究汇编》，奇斯维克图书馆）

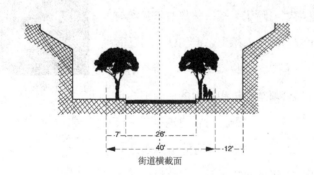

贝德福德园的街道很狭窄，街道两侧分布着树木和人行道。（伊万·本-约瑟夫）

贝德福德园的建筑避免了"拜-诺"规划中的沉闷无趣。红砖白木修边的安妮女王复兴风格房屋，从设计和细节上都富于多重变换，尽管事实上仅使用了9种建筑式样。（豪斯诺图书馆网，《地方研究汇编》，奇斯维克图书馆）

贝德福德园的街道设计与建筑设计为人们创造了一个适宜居住的社区，时至今日，它仍然是伦敦最令人向往的居住区之一。（迈克尔·索斯沃斯）

昂温、帕克与田园城市

亨丽埃塔·巴尼特是一位居住在伦敦贫穷的东区尽头的教区牧师的妻子，她酝酿出一个念头，即设想在伦敦城边诞生一个全新的健康的社区，为并不富裕的人提供良好的居住房屋。她的梦想，在 1904 年当雷蒙德·昂温和巴里·帕克受任设计在戈德吕德的汉普斯特德附近的汉普斯特德花园城郊社区时，得以实现。昂温和帕克有意识地复兴早期被"拜－诺"街道法令宣告不合法的花边。他们的设计向"拜－诺"街道那不符合人性的沉闷规划提出了挑战，复苏了传统社区中的亲切精致的庭院空间形式。昂温解释道："另一种并不罕见的'拜－诺'是那种反对两头不能贯通的街道，即它反对那种被称为尽端路的道路。这一举措，毫无疑问曾被用于避免出现不卫生的院子，但是为了满足居住目的，尤其是从机动车兴起以后，尽端

雷蒙德·昂温（1863—1940），与巴里·帕克一起，在 1904 年为了汉普斯特花园城郊的设计向"拜－诺"规则发起挑战。（英国皇家建筑师学会）

式道路受到喜欢保证寓所安静的人的特别垂爱，而远远不是遭人厌恶。"[9]昂温感到街道与建筑规划的客观形态直接影响着社会行为和社区福利。作为一个固执的人，他为了"汉普斯特德花园城郊行动"向政府游说，终于使议会在 1906 年批准了一笔暂停某些建造规定的私人经费。此经费用于建造尽端式道路和长度低于 500 英尺（152.4 米）的道路，将马路宽度从 35 英尺（10.7 米）锐减到 12~16 英尺（3.7~4.9 米）。

　　昂温和帕克尝试改变土地开发规划，以逐步实现把他们的社会与审美的信念转化为实体的愿望。在昂温看来，他们是从以下方面获取他们的建筑灵感的：约瑟夫·斯杜本波斯的德国城镇规划原则、查尔斯·马尔福德·罗宾森的美国城市艺术，尤其受写作《街道》（1889 年）一书的维也纳建筑师卡米诺·西特的影响。西特认为，中世纪非正式的城市模式产生的构图特性，比正统的规则几何外形更符合人类的需求。在对这种可能性进行思考时，昂温写道："毫无疑问，古老的不规则的街道和城镇的许多价值，体现在人们从其中感受到的自由感、油然而生的随意感和他们在持续不断的变换影响下产生的逐步延伸感上，而这些，绝大部分都无法在遵照预定计划建出的中规中矩的城镇中找到。"[10]

昂温和帕克从维也纳建筑师卡米诺·西特的城镇规划中获得灵感。西特推崇中世纪的欧洲城镇里随意、无固定特征的空间特性，认为那样的规划仿若自然天成，没有任何总体规划的痕迹，就如同这条位于古老的鲁昂市的街道一样。（迈克尔·索斯沃斯）

埃比尼泽·霍华德在他 1898 年出版的《明日，一条通向真正改革的和平道路》一书（随后于 1902 年再版，名为《明日的田园城市》）中，用社会的物质安宁为社会一体化提供了理论框架。作为一名社会改革家，霍华德倡导一种经济与社会上的新秩序，倡导一个全新的社会："城乡应该联姻，联姻的结果是萌生一种新希望、一种新生活、一种新文明。"[11]他的乌托邦梦想可以被清楚地表述为："一座为健康生活和工业而设计的城镇；具有可容纳所有社会活动所需要的大小，但并不超过此大小；由乡村地带环绕；社区的所有土地都是公有制的或交付信托托管的。"[12]

昂温和帕克试图在为汉普斯特德花园城郊所做的设计中实现霍华德的社会改革目标，他们通过诸多不同的单元类型和尺寸，极力强调不同阶层

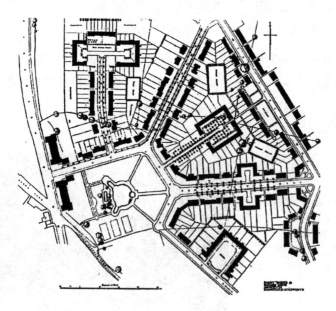

汉普斯特德花园城郊的规划避免了直线格栅，充分采用大量尽端路和庭院用以营造适宜安静步行的居住领地。（雷蒙德·昂温）

的统一："仅由任何单一的阶级构成的城郊是有害的，不论是从社会性、经济学还是美学上看……那么，假如，被规划的地点是一个我们打算主要建给劳动阶级人群的地点，则我们应当尽力规划出一些充满吸引力的角落，在那儿修建一些相当大的房屋；我们应当请来医生，为他安排一个恰当的居住地点，请他毗邻他的病人居住，并为那些生活中的成功者提供得体的住房，让他们与那些并不那么幸运的人为邻。而我们是否会取得成功则极大程度上取决于布局。"[13] 不像贝德福德园那样舒适惬意且范围较大的汉普斯特德花园城郊，主要由双户型半独立式住宅、联排房屋、公寓楼和极少的独立住房构成。建筑师们对德国中世纪城镇的迷恋明显地表现在陡峭的斜屋顶、装饰性三角墙和锻铁铸造的局部细节上。

　　因在汉普斯特德工程中取消了"拜－诺"街道法令的限制，昂温得以在其中实践一系列富于变化的街道形式与结构，他深信，这些都能体现出诸如田园城市运动所倡导的社区理念。这种街道模式刻意避免直线格栅，与贝德福德园一样，放射状的街道从商业性通道芬奇利路的地铁车站附近的乡村绿地向外辐射展开："汉普斯特德的道路拒绝直角。它们处处避免

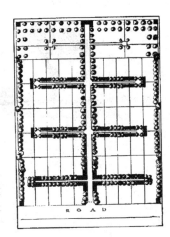

尽管昂温和帕克都积极倡导适于居住的尽端路，但仍需一项议会决议才能在汉普斯特德花园城郊中建造它们。（雷蒙德·昂温）

规则的形式。它们漫无目的地、惬意地、追随自然轮廓般地蜿蜒，自然天成地利用土地。它们的宽度不一。居住型街道较狭窄。如此的设计削弱了交通，促使车辆不得不保持在主干道上通行。"[14]

　　这是第一次在规划开发中系统地、自始至终地运用尽端路和开放庭院。在庭院及其围合的部分中，2~3条平行街段的联排房屋或公寓楼构成一个中心绿地空间，通常附近有一个狭窄便道的入口。这种布局营造出一种相对安静的、在公共街道中荡然无存的以步行为主的环境，一种被一些建筑区域围合的半私密的环境。尽端路模式实现了类似的居住社区价值。与美国战后的尽端路模式不同，这些尽端路短而狭窄，其尽头无圆形回车道。典型的情况是，道口区间的人行道连接从一段尽端路的末端到另一条街道或前面的尽端路的道口。道路严格分级，被设计为不利于车辆行驶；它们的布局和十字路口根据不同功能展现不同面貌。步行道常常随处可见，不仅与路边的树和灌木丛相映成趣，也与建筑细部为伴，如墙、篱笆和大门，使得每一条街道都成为独一无二的、趣味横生的步行小径。汉普斯特德花园城郊由此成为居住细分中街道设计和道路规划的一个主要原型。

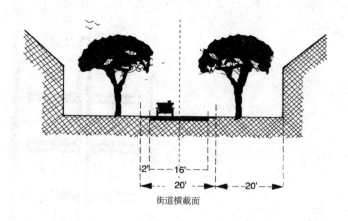

街道横截面

街道剖面图，汉普斯特德花园城郊。（伊万·本-约瑟夫）

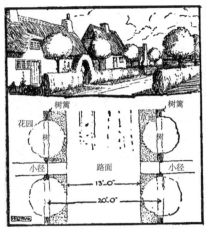
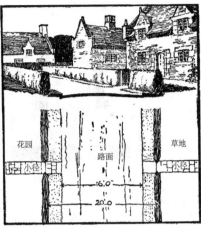

汉普斯特德花园城郊的街道大都非常狭窄，13~16 英尺（4~4.9 米）宽的铺装街道紧缩在 20 英尺（6.1 米）的道路红线中。（雷蒙德·昂温）

汉普斯特德早期的面貌，砾石铺装的狭窄街道，无路沿石。道路供行人和车辆共同使用。（雷蒙德·昂温）

今天，大多数街道不但设有人行道和双车道，而且也设有停车区和行道树，所有的一切都巧妙地包含在道路红线内。（迈克尔·索斯沃斯）

汉普斯特德花园城郊的居住区庭院提供了一种安静的半私密的环境。（迈克尔·索斯沃斯）

与美国城郊的尽端路不同，汉普斯特德花园城郊的尽端路较狭窄，且在尽头无圆形回车道。人行道穿过尽端路继续向前延伸，形成连接完美的、有趣的人行道网。（迈克尔·索斯沃斯）

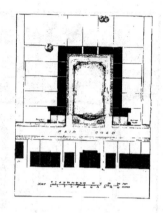

一些房屋建在环绕公用绿地的
2~3 层楼高的联排房屋或公寓房
的庭院中，其边缘是狭窄的便道。
（雷蒙德·昂温）

查尔斯·马尔福德·罗宾森与艺术作品般的街道

不像欧洲的学者和设计师们在面对城市难题时是以补救措施来营造花园城郊那样，美国的建筑师们宁愿改善业已存在的城市。改善城市生活品质的雄心壮志，是与搜寻美与秩序的意志相辅相成的。究其根源，不仅来自公众对更为健康的生活的需求，也来自专业人士们想运用其专业知识来解决社会问题的强烈愿望。

在英国，19 世纪后期急速而失控的城市扩大导致了混沌的开发模式。城市人口随着工业发展给市民和国外移民提供的全新工作机会而不断膨胀。1870—1900 年间，美国人口翻了一番，截至 1910 年，基本上半数的美国人都居住在城区，与 1880 年仅 1/4 强的人住在城区形成对比。[15] 随着城市增长形成的对更好的居住环境的需求，各地方政府在限制有害的社会活动、提供新服务以及采取措施控制城市的物质形态方面，承受着与日俱增的压力。各城市政府对扩大活动范围和承担更多职责方面的兴趣的结果，是年会与专业组织的形成。

弗雷德里克·劳·奥姆斯特德，在 19 世纪最后的几年里，曾呼吁成立一个正式组织，负责推进规划和城市设计。他认为此举是发掘从业者的特质和自豪感的方法，也是推动公共教育和政府立法的方法。这分努力的结果是，1894 年美国市政改善协会成立，随即是 1897 年美国园林与户外艺术协会（the American Park and Outdoor Art Association，简称 APOAA）创立。

在改善和美化城镇运动中的另一剂催化剂，是 1893 年在芝加哥召开的哥伦比亚世界博览会。博览会建筑视觉极佳，白色新古典主义建筑群正对着非常自然的人造景观和波光粼粼的环礁湖，与现实中灰暗的城市居住环境形成鲜明对比，甚至在博览会开幕 6 个月后，当博览会闭幕并将其拆毁后，它的景象仍然历历在目，强有力地激发出众多设计师、艺术家和建筑师的灵感，他们争论道，城市改善能创造出城市的自豪感，而优美的环境则能增进生产力和城市经济。尽管主要目的是通过公共建筑物、城市中心地带、公园和林荫大道系统改善城市美感，但城市美化运动也把改善街道秩序、优化路面铺装、改善街道设施和绿化列入议程。

这场城市美化运动中的知名人士是：美国城市改善联盟主席 J·霍勒斯·麦克法兰德、建筑师丹尼尔·赫德森·伯纳姆、小弗雷德里克·劳·奥姆斯特德、查尔斯·马尔福德·罗宾森。虽然伯纳姆通常被认为是联结城市美化时代的纽带——因其为哥伦比亚世界博览会所做的惊人设计和为旧金山、芝加哥、华盛顿特区所做的规划，但实际上是罗宾森发挥了更大的影响力，并提供了一种充满趣味的对比。作为出版于 1902 年的畅销书《城镇的改善》的作者[16]，罗宾森既非一名建筑师又非一位设计师，而更像一个撰稿人和时事评论员，写了好几本书并在关于城市设计的期刊上刊登了大量的杂志文章。他于 1911 年在哈佛演讲，并在 1913 年担任伊利诺伊大学所在县的城市设计首任主席。与建筑同僚们都将主要建筑物和城市广场的设计视为自己的主要成就不同，罗宾森看中的是在所有城市规划领域内有效地实践改善的需要。他着重指出需要改善交通、地点规划、水道、操场、街道模式与宽度、铺装、照明及卫生设施。罗宾森赞成自然的美、园林和街道植被体现的城市活力。尽管他是一个拥护建造城镇中心的倡导者，但他也了解地方社区的重要性。城镇，在他眼中，应该围绕一个焦点建设出一系列的社区中心地点，诸如学校、公共建筑或公园。这一思想后来得到认可，并在全国通过克拉伦斯·佩里推广的邻里单位、凭借区域规划协会及联邦政府得到应用。

查尔斯·马尔福德·罗宾森（1869—1917），1902 年出版的《城镇的改善》一书的作者，是 20 世纪早期城市规划发展的主要人物，也是城市美化运动的领导者。（伊利诺伊大学档案馆）

1808-Fountain in the Circle, Northbrae, Berkeley, California.

城市美化运动中的设计师们强调雕塑、景观设计和建筑在构建城市空间时的整合，以此促进社会进步、传播最高价值观，就像这个位于伯克利的玛丽恩大道的转盘一样。（班克诺夫特图书馆，加利福尼亚大学伯克利分校）

城市美化运动时常遭到批评，认为它不切实际、花费昂贵、仅单纯追求美观。然而，罗宾森的大部分建议都涉及城市的实用问题而非纯粹的美观。街道，尤其是小型居住街道，是罗宾森特别关注的东西。他对此思考得如此深入，以至于非要在1911年出版一本关于此主题的书不可，即《街道的宽度与排列》。在书中，罗宾森全面地讨论了城市街道设计的范畴，从普通地区图绘制、宽度、影响土地价值的因素，到路沿石和排水沟的修造。他写道："对街道宽度和排列的考虑，与对一条小路的研究远远不同，事实证明，它更像是对一条宽阔的高速公路的研究。所有当今生活中的事物、所有的社会等级，都深受它所牵涉的问题的影响。城市里存在的欢乐与痛苦、舒适或艰苦、有效或无用，都将受到从街道地形图中体现出的睿智或轻率的左右。"[17]

罗宾森强调了街道修建中的经济性，他提醒人们，无节制的、错误规划的街道修建费用将被摊在市民头上。他经常引用诸如斯达本和昂温这样的欧洲设计师的话，为优化的居住街道提供原型。他写道："街道规划师，应当不带偏好地着力解决哪怕最小的街道的难题，对任何几何系统都感兴趣。带着完美的开放性心理，他应当只是单纯地为街道规划寻求最适宜的轮廓，以求得出最佳划分的建筑红线，由此将在主要公路上定出最佳连接点和最佳的地块形状。他决不应先入为主地采用格栅、棋盘式或对角线系统来解决此问题。"[18]

对于小型居住街道的宽度，罗宾森提出关于如下比率的建议："假如街道是50或60英尺（15.3或18.3米）宽，那么它们也许是非常令人愉快的宽度，这种宽度涵盖了从路沿石到道路边线一直累加到公路宽度一半的全部距离，让人行道可设在距建筑红线1英尺（0.3米）的地方。由此边线与中心地点的空间比例变成1：2：1。在一条50英尺（15.3米）宽的街道上，我们由这一比例可得出一条25英尺（7.6米）宽的公路，在

地产开发

开发的成败与否常常取决于街区的设计方案是否与地形匹配。街区与毗连的地产之间甚至与城市道路系统之间必定存在一种联系。应谨慎确定住房的择址位置，且所有建筑物都应该审慎地限定在一定的范围内。所有待售的土地均应服从于市政监管。

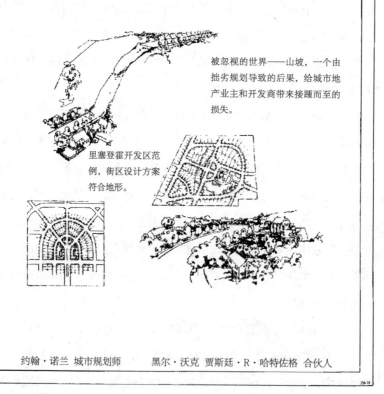

被忽视的世界——山坡，一个由拙劣规划导致的后果，给城市地产业主和开发商带来接踵而至的损失。

里塞登霍开发区范例，街区设计方案符合地形。

约翰·诺兰 城市规划师　　黑尔·沃克 贾斯廷·R·哈特佐格 合伙人

约翰·诺兰（1869—1937），景观建筑师与城市规划师，采用城市美化风格在全国对城市进行改善和细分设计。（经弗吉尼亚技术特别收藏档案馆允许刊登）

铺装的人行道与路沿石之间为草地留出的 6 英尺（1.8 米）宽边缘；在 60 英尺（18.3 米）宽的街道上，我们可得到或者说应该能得到一条 30 英尺（9.1 米）宽的公路和 9 英尺（2.7 米）宽的边缘草地地带。较小的路面宽度、更大的边缘绿化宽度，绝对能更令人赏心悦目。"[19] 罗宾森通过强调修建狭窄道路来提高建设经济性的重要性，继续提出他的建议。他深入建议道，在交通量稀少的地区取消人行道，仅设公路，供行人和车辆共同使用。

罗宾森的城市见解在 20 世纪的二三十年代曾被许多设计师广泛采用，这些见解由以下部分组成：集中在社区中心和城市开放空间的社区，提供"寻常生活渠道"的因地制宜的、经济的街道规划。不幸的是，他对社区规划的实用解决方案往往被同时代的作家所忽视，这些作家们把罗宾森的见解归于他的追随者们才会采用的东西。罗宾森的理念在当时其实是非常先进的，在某些方面，这些理念与当今欧洲和其他地方的思想并驾齐驱，对此我们将在后面的章节进行论述。

第三章
机动车时代的街道
小汽车与城市景象

> 恢复人类的双腿作为旅行的方式。行人依赖食物作为动力，却不需要专门的停车设施。

——刘易斯·芒福德（1895—1990）

从 19 世纪中叶起，欧洲和美国的公路开发因为铁路的大力扩广而受阻。尽管这一时代公路的建造技术大大进步，但是机车的使用却由于受到政府限制及政府对铁路与公共马车的偏袒政策而大大滞后。虽然，早在 1769 年英格兰就出现了蒸汽机动车，但是直到 1866 年国会通过了"红旗法令"后，机动车才开始得到迅速发展。这一阻碍性的条例要求在公路上行驶的自动推进的机动车，必须将其速度控制在每小时 4 英里（6.4 千米）以下，车上至少载有两人，并须与第三人同行，此第三人须步行，在车前手持一面红旗以示警示，帮助控制受惊的马。[1]

令人吃惊的是，是自行车这种全新的、时尚的旅行方式率先激起了对公路系统恶化的广泛关注。自行车自 1580 年问世后，于 1877 年凭借一款低后轮的"安全"自行车的面世达到巅峰。新型自行车方便易行、安全价廉，俘虏了人们的想象力。1890—1895 年间，常被视为"自行车狂热时代"，英格兰和美国的自行车俱乐部说服了议会改善路况。美国骑自行车者联盟于 1880 年成立，也不断游说议会改善路况。

蒸汽机动车首次在1769年的英格兰出现。1866年国会批准红旗法令,通过把行驶速度限制在每小时4英里(6.4千米)内的规定,限制着自动推进的机动车的快速发展。法令要求必须有一个人手持一面红旗在车前方步行,向周围发出警示,并控制住受惊的马。(美国交通局,联邦高速公路管理部)

19世纪中叶,公路在英国和美国的发展都滞后,因为政府政策偏向于铁路的扩充。(加利福尼亚州运输处)

　　这些努力带来对需要地方公路辅助法律的认可;新泽西州于1891年通过此法,1892年优秀公路国家联盟成立。新泽西州的州援助公路法申明:"州援助公路法负责任命城镇关系委员会,这些委员会应对它们所属城镇的公路进行年度视察,定出改进高速公路的系统方案;它们有权雇佣工程师或任何能胜任此任的人,并向其征询意见、方案和评估……据估算,每年每英里公路的降水量至少为27 000吨,一个循环完好的路基十分必要,并在路口至路口之间设置敞开的路边排水道，这是一个重要的特征。"[2]
人们对公路状况的不满导致出现了许多对国会的抱怨和请愿书。1893 年，
一张请愿书——包括许多州的政府官员在内的成千上万人签名的最有影响
力的请愿书，请求能创立"一个公路部门，类似于农业部，旨在促进建造
与维护公路艺术方面的知识"。[3]面对与日俱增的压力，联邦政府于 1893
年在农业部下设立了公路咨询办公室："目的在于赋予农业秘书处负责全
美国公路管理系统的咨询能力，为找出修造公路的最佳办法而进行调查，
应付关于此主题的书刊中适宜广泛推广的出版事项，让提出适宜的观点的
人能协助农业大学和实验室的工作，向它们引入关于此课题的信息，并奖
励其 1 万美金。"[4]这一举措建立起一种规范的公路视察和改进程序，由
地方政府和联邦政府执行。

　　在近 20 年里，这一办公室的行动是纯指导性的。只是在 1913 年，
当机动车使用者的需求日益增长，邮局占用行动对通道的需求也不断增长
后，公共公路办公室方才进入公路建设的角色，不再仅是纸上谈兵。

因为对自行车产生的兴趣一发不可收拾，公路的糟糕状况成为 19 世纪晚期的一个公众关注的对
象。（美国交通局，联邦高速公路管理部）

1877 年，"安全的"低后轮自行车的问世为推动自行车风靡一时助了一臂之力，因为这种自行车便宜又安全。图中的这些绅士们，把他们在 1899 年从伯克利到塔霍湖的全部旅程用照片记录了下来。（赫伯特·盖尔斯收藏，班克诺夫特图书馆，加利福尼亚大学伯克利分校）

20 世纪早期的车辆

19 世纪后期在欧洲发展起来的随即被引入美国的机动车，直到 20 世纪初在美国城市的街道上仍属罕见。那时，美国登记在案的私车车主只有 8000 人，其中的许多车都由蒸汽推动。汽油仍是煤油产业中被废弃的副产品，仅有少量前卫者敢于试验将其作为实用能源。这其中的一些先驱者的名字，由于他们的产品和新工业时代的到来而显耀一时。其中，亨利·福特、戴维·邓巴·别克、底特律的道奇兄弟约翰和霍勒斯、密歇根州兰辛的兰塞姆·E·欧兹（雷欧）、印第安纳州南本德的斯图德贝克兄弟亨利和克莱门，他们与后来的岁月中出现的巨头企业的名字一起，幸存下来成为了传奇。[5]

　　1900—1929 年间，出现了近 1200 辆新机动车，采用多种制动方式。这一浪潮在 1907 年因 92 辆新车的出现达到巅峰。1910 年，美国的机动车工厂制造出 181 000 辆客用小车、6000 辆卡车和大客车。机动车制动起动装置的发明以及妇女们短裙时尚的流行，把妇女引入了机动车消费市场："妇女裙摆撩人的高度提升大约始于 1910 年，那一年裙摆从鞋尖提升到了踝关节。同年，机动车自动起动装置得以完善，推向市场。因为一直以来，机动车都是手动曲柄引擎开动，故此普遍认为妇女不能驾驶也不能成为车主。随着机动车制造商推出电力自动起动装置，机动车市场就可能通过让妇女们确信她们现在也能驾车而扩大。当妇女们开始把脚踏在机动车踏板上时，长裙就成为不便的东西。"[6]

　　其他有利于推广机动车的因素是适宜的价格、路况的良性发展以及减少驾驶危险的安全装置——如可拆卸的轮辋、棱纹轮胎、四轮刹车和灯光信号装置。

　　美国机动车的涌现，如同自行车出现时一样，使改善路况的压力增大，于是 1902 年，美国汽车协会成立。其中，至关重要的发展是 1907 年福特的 T 型车问世。1904 年，一份全国性的公路统计数字显示，共计 2 151 570 英里（3 442 512 千米）的公路中，仅有 7% 被分类为"已改进"或者以石子或砂砾为路面，余下的 93% 都是泥泞的公路。在 1900 年时，仅有 8000 辆机动车行驶在这些公路上，但截至 1914 年，机动车产量已超过马车的产量。到 1920 年，共诞生了 800 万辆交通工具。[7]机动车的普及给政府增加了压力，1916 年，国会通过了联邦辅助公路行动，这是第一个全面的、统一国家公路系统的政府行动，创立了全国范围内的州际高速公路系统。[8]

对机动车的早期反响

在机动车出现的早期岁月中，许多人认为它散播着危险和公害，因此应当被排斥在公共街道之外。虽然人人都有平等使用道路的权利，但是很快就颁布了法令，对机动车的运行和机动车司机的行动加以约束。因为感到驾驶马匹牵引车辆的人的安全和安宁严重遭受见到或听到机动车行驶带来的危险的侵害，故此针对性地制定了很多约束。这些 20 世纪早期施行的绝大多数法律、法令和条规都企图限制机动车的发展。

在这些数不清的甚至几近幽默的条规中，宾夕法尼亚州成立的反机动车团体拟出的条规，兴许算是在问题露出端倪之前草拟出的最野蛮的条规。那里的农民决定，任何夜间驾驶非马拉车辆的人，都必须每英里停车一次发出信号火箭，停留 10 分钟以待路面空无一人。假如一群马车将沿公路驶过的话，机动车司机将被强制赶下公路，并用一块大帆布或与周围环境相融的彩布盖住车身。假如马群仍然不肯通过，那么机动车主就不得不把他的车拆成碎片，并把碎片藏在最近的丛林中。[9]

尽管早期遭受排斥，但截止 20 世纪 30 年代末，汽车已经完全统领了交通。从 1900 年的 8000 辆到 1930 年的 2300 万辆，汽车已得到广泛承认，成为现代生活中不可或缺的部分。它极大地影响到现代社会的社会、经济和政治结构。汽车为普通家庭带来进步，提供了娱乐和新式旅行的机会。它为远离城市中心和火车站发展新城郊社区提供可能。汽车真正地消除了州际线，带来对更佳公路的需求。更好的路况激发了制造商制造更高速和操纵更灵敏的汽车的灵感，这又反过来要求更高的公路建设标准。街道布局和公路建设成为规划发展的本质，成为形成环境模式的决定性因素。

汽车使得远离城市中心区域和铁路运输线的新城市郊区的开发成为可能。（班克诺夫特图书馆，加利福尼亚大学伯克利分校）

全面规划的兴起

20 世纪初，随着汽车开始在城市出现，人们认为美国的城市处于拥挤不堪和社会动乱的混乱状态。针对此状况，产生了用完美的空间秩序塑造规范的技术性城市的理想。一个与城市美化运动背道而驰的城市改进新方向诞生，提倡改革环境，通过运用专业知识、州立规范施工方法和公众福利条款来规范环境。革新者们诉诸科学技术作为变革手段，他们深信，符合自然科学的修正不仅能升级生活条件，也能解决社会问题。他们召集专家给出政策和科学管理方案的建议。在 1911 年的《科学管理原理》一书中，弗雷德里克·温斯洛·泰勒，一位在这场具有实效的运动中的先驱者，写道："人类劳动和思想的目的是实效。技术谋略在全局考虑中高于人类的判断力，事实上，不能信任人类的判断力，因其已被疏忽大意、模棱两可和无必要的复杂性腐化。主观是思路清晰的障碍……不能被测量的东西即不存在又无价值……市民事务需得到专家最好的指导和引导。”[10]

科学管理的原则牢牢抓住了商业、工业和开发商的思绪。它发挥着策略引导作用，确保利益。建筑师们和规划师们很快也加入进来。在 1917 年出版的美国建筑师协会所著的《城市规划进程》一书中，编辑们申明：“美国的城市规划停滞不前，原因是城市规划的第三次努力竟朝向‘城市美化’而不是‘城市实效性’发展。我们坚定地坚持，所有的城市规划都应建立在经济实用和优化商业运作的基础上，它必须借助商人和制造商的力量，成为健全而合情合理的东西。”[11] 专业指导机构的介入被视作促进革新、增进私有成分的实用工具。人们并不认为它是家长式的统治，而视其为一种“审慎运用政府机构的干预做着经由经验表明比其他任何已设想出的方法更有效、更经济实用的事”的介入。[12]

20 世纪开初，拥堵、拥挤和不卫生的城市状况不断引起公众对健康的关注。由此，廉价公寓和贫民窟是众多早期规划修缮中首先关注的对象。科学测量和社会统计的兴起，引导国会在 1892 年批准在城市中对贫民窟进行调查。截止到 1900 年，已完成超过 3000 项测量，其中许多由私人组织进行。[13] 伴随科学技术精神的盛行，理性规划和实利伦理观引导着政策。理性化研究启迪出新鲜的规划成果，其中值得注意的是德国分区制运输系统的运用和英国的全面规划。

寻求专业解决方案的压力，促使 1909 年在华盛顿特区召开了第一届全国城市规划和拥堵问题大会。这是首次正式表达了对系统性解决美国城市环境问题的兴趣。修缮措施鼓励私人企业去城市边缘落脚，以缓解拥塞状况。通过把中产阶级再次疏散到城市边缘地区的做法，人们相信由此就能缓解住房压力，让低收入者能拥有更好的住房。理论上，年代久远的房屋被作为高社会流动性的场所，同时，新区域的屋主将建立起社会与经济的稳定性。通过把人们重新安置到城市边缘区域、提供快速廉价的交通以及诱使工业到城市边缘发展的举措，人们认为城市密度将由此降低。此次大会吸引了议员和与会代表的注意，塔夫脱总统也通过发表公开演说表明他对此的兴趣。在这次大会以及随后的几届会议上，城市规划结构和实施技术的基础逐步形成。诸如《土地细分的最好方案》《街道宽度与它们的细分》，为联邦、各州和各地方政府提供了后来建立分区制细分规则的理论框架。

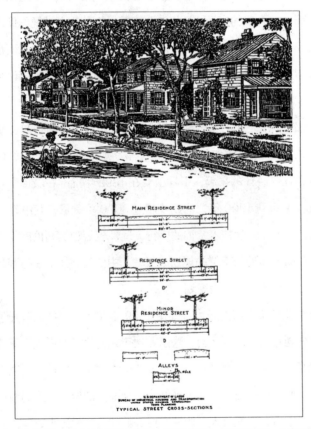

1914 年，美国住房市政当局为居住街道第一次整理出了一些指导原则。（美国劳动局）

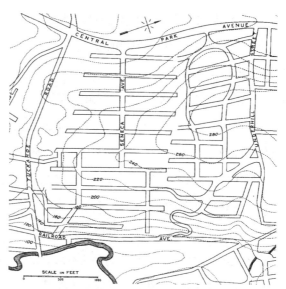

1914 年的纽约的扬克尔斯的细分布局，提出了对规划的需要。各格栅彼此之间缺乏联系，令这一地点极难发挥功用。其结果是，诞生出功能极差的社区结构和一场交通上的噩梦。（《纽约地区规划》）

马路为美国城市带来第一次郊区化浪潮。在遍布全国的城市里，新的城郊开发区围绕马路线建立起来。这张图片所展示的大约是 1910 年的加利福尼亚州伯克利市的伯克利高地地区的景象。（马森·麦克道菲，班克诺夫特图书馆，加利福尼亚大学伯克利分校）

　　第一次世界大战为规划师和建筑师们提供了一次由政府撑腰的、试验他们的理念的机会。从 1917 年开始，美国国会拨给工业住房局 1.1 亿美元，用于规划和建造造船业和军事中心所需的住房与运输。在小弗雷德里克·劳·奥姆斯特德的指导下，建筑师、景观建筑师、规划师、工程师、承包商、医生和社会工作者们归纳出了一套对战时和战后的工业时代住屋的建议。这些建议旨在建立适应自然地形的自给自足的社区单元。他们也为建筑布局提供了准则和方案。[14]

美国城市的分散行政在第一次世界大战结束时得到了一次主要的加强。战争的影响刺激了经济，为了保持经济持续向上出现的对新投资的寻求，促使美国优化住房运动达到顶峰，这是一个由开发商和投资群体组成的网络。这场运动激励了房主，推广了房屋购买与住屋改进的理财知识。随着新式的建设循环——获得有价值的土地，为汽车开放通往郊区的新路线，高速公路发展计划——一种以投机发展为基础的新大都市边界开始成形。

随着城市边界无限制地扩张，规划师们寻觅着沟通城市、郊区与开放地区的桥梁。1923年，20名规划师和建筑师成立了美国区域规划协会（the American Park and Outdoor Art Association，简称 RPAA），期待着为了设计出更令人满意的居住环境发展指导准则，他们中包括刘易斯·芒福德、亨利·赖特、克拉伦斯·斯坦、弗雷德里克·阿克曼、克拉伦斯·佩里和斯图尔特·蔡斯。为了寻找一种面向大城市和区域规划的理论，他们采用了埃比尼泽·霍华德的田园城市范例的外貌，倡导一种带有几分经济性因素的但却是被开放空间包围的、享有自治权的城市单元的区域模式。特别是，这一团体在昂温和帕克的作品中寻找适合城郊环境的一种全新的符合自然法规的结构。

克拉伦斯·斯坦与亨利·赖特合作，在美国的社会现状下共同阐释出田园城市理念。他的已建成的作品包括，位于纽约皇后岛的桑尼赛德花园、新泽西州费尔罗恩的兰德博恩、匹兹堡的恰特汉姆村、马里兰州的格林贝特、威斯康星州的格林戴尔、洛杉矶的巴尔德温山村，以及几个其他的工程项目。（《珍本和手稿集分类》，康奈尔大学图书馆）

1924 年，克拉伦斯·斯坦和亨利·赖特远游英格兰，去研习莱奇沃斯的设计和汉普斯特德花园城郊，期待在美国的实际情况下进行运用。他们说服雷蒙德·昂温帮助建立该团体的理论框架，此后，昂温便活跃在美国的规划舞台上。芒福德——该团体的历史与理论的幕后力量，声明道："显然，城郊是一个公众认可的领域，他们意识到，拥堵而糟糕的住房、空洞的景色、缺乏娱乐的契机和冗长的郊区公路行程简直非人性所能忍受。郊区居民仅仅只是一种智能异教徒，仅仅发现了纽约或者芝加哥或者热尼斯的繁华是种低劣的环境。"[15] 然而，芒福德也认为现行郊区需要重塑形态和重新设计，以便与居住性社区的新视觉相呼应。"开创郊区的那股动力远去了，坚决地、带着冰冷无情，开始摧毁田园诗般的环境，在这种环境中曾经存在过小型而和睦的社区，美丽的花园和公园，还有与自然随处可见的亲近。郊区不可避免的日益成长，变得更像那座它表面上脱离的城市：集中街道延展到一条花哨的主干道上……土地价值暴涨，但是税赋，哎呀！也上升了……下水道、路面、不必要的宽形居住街道、路灯、汽油、电和警力的花费如此迅速地攀升，以至于现在新来的居住者再也承担不起一座像琼斯夫妇建的那种宽敞舒适的房屋的花费了：他们建起单调的一排排半分离的住宅，或者扑通一下扎进公寓。"[16]

斯坦、赖特和兰德博恩

在美国尝试田园城市模式的机会于 1924 年到来，时逢亚历山大·M·宾——区域规划协会中一名房地产开发商和协会创始人之一，成立了城市住房公司，"终极目标是为了建出一座美国的田园城市"。[17] 该公司的首席建筑师——克拉伦斯·斯坦和亨利·赖特，已在纽约市设计了

兰德博恩规划，始于 1928 年，建立在英国田园城市的某些理念上。然而。巨形路口和中心绿化空间的尺度都过于庞大。所有的房屋都建在与绿地相连的狭窄而安静的尽端路里。尽端路的排列方式把街道面积和有效街道长度减少了 25%。节省下来的开支用来支付公园的修建开支。（《珍本和手稿集分类》，康奈尔大学图书馆）

阳光花园，这是一座小型的由排屋发展起来的区域——并非完整规模的田园城市。然而，它在经济上取得的成功为一个更大的项目——位于新泽西州费尔罗恩的兰德博恩——打下了基础，此地距纽约市16英里（25.6千米）。完整的田园城市兰德博恩于1928年被规划出，占地2平方英里（5.2平方千米），计划居住25 000人。虽然英国的田园城市范例激发了他们的设计灵感，但斯坦和赖特意识到，他们的工程不得不适应美国的居住条件以及适应日益增长的汽车的使用。斯坦承认，兰德博恩的规划是对城市状况的反映："美国城市在20世纪里当然不是一个安全的地方。汽车是侵入美国城市生活的威胁——远在它扰乱欧洲之前……汽车的涌现已导致了格栅街道模式的出现，此模式在超过一个世纪里已经形成了城市房地产的框架，就如同军事防御城墙一样过时……方格网式模式让所有街道都无一例外地去适从交通需要。安静平和的休憩与人身安全一同消失。房屋大门正对着发动机通路的喧闹声，混杂着拥挤的交通、汽车喇叭的尖叫声和有毒气体。停泊的车辆、坚硬的灰色马路和车库取代了花园。"[18] 兰德博恩的设计是一种对抗城市交通及汽车对居住生活影响的创作，缘于此，不得不让它"接受扮演一种郊区角色"而非扮演一座田园城市的角色。[19]

兰德博恩的设计特征中并没有完全创新之处。然而，正如斯坦坦言的那样，这些特征被综合并融进全面规划中，是在细分形态上的突破。带有一个绿色核心花园的超大路口曾被昂温运用在莱奇沃斯和汉普斯特德花园城郊中。在兰德博恩，这种巨型路口的面积被增加到介于30~50英亩（12~20公顷）之间。它们排成一线与地形呼应，少量单元面对主干道。尽端路是另一个从汉普斯特德花园城郊借鉴的东西。斯坦和赖特批判格栅对便利交通的偏袒，同时批判它的花费颇多。他们提倡让尽端路合理地叛离一些方格网式规划的限制，在其中，所有街道都是直通的，让每300英尺（91.5米）就可能遇见汽车和行人。关于直通街道的铺装和主干道的公共设施的花费，他们争辩道，并没有被完全理解，他们抱怨房地产经纪人和市政工程师总是不停地重复使用过时的形式。兰德博恩的尽端路巷道被设计成 300~400 英尺（91.4~122 米）长，仅设 30 英尺（9.1 米）的道路红线，用以对抗盛行的 50~60 英尺（15.3~18.3 米）的宽度。斯坦进一步把铺装的行车道缩小到 18 英尺（5.5 米）宽，并在其双边设 6 英尺（1.8 米）宽的公共设施带以作为景观，由此在视觉上构成了花园景色的组成部分。建筑后退是 15 英尺（4.5 米），预留了街道停车位。

1929 年兰德博恩的空中俯视图。尽管它位于新泽西州费尔罗恩郊区的中央，但兰德博恩仍具备了与往返纽约的铁路线之间的极佳通路。（《珍本和手稿集分类》，康奈尔大学图书馆）

公路等级系统——兰德博恩最具革新性的改造——来自奥姆斯特德在纽约中央公园里使用的分类路线。然而，斯坦和赖特更加深入地而不是依据自然法则地划分出汽车和行人通道。他们创立了一种道路等级，这是第一次出现不可改变的、规范的划分——此布局允许居住街道只为地方交通使用。斯坦说，纯居住性的街道理念在当时"与美国房地产投机的本质形成对比"，并且"没有哪个房地产经纪人、鲜见接受分区制作为其实践信仰的城市规划师们，会看起来对纯粹依据居住的用途规划街道，且街道仅

仅只为居住使用的永久性抱有充分信心"。[20] 兰德博恩的巨型路口由 60
英尺宽（18.3 米）的街道群围绕，这些街道担当通往尽端路的支路。分级
规划为道路建设节省了相当大的开支。由于尽端路不通车，所以建造标准
得以降低。不设路沿石，下水道和输水道都较小。从整体上看，与典型的
格栅街道规划要求相比，这样的规划能缩小 25％的街道面积和公共设施
带长度。斯坦认为，与常规细分相比，从建设道路与公共设施中省下的开
支还可用在主要核心公园的建设上。

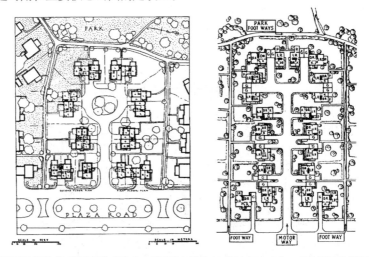

兰德博恩的巷道或尽端路都比较狭窄，其道路红线为 30 英尺（9.1 米）。各房屋门前都设计有
直接与该区域的中央公园林荫道连接的通道。（《珍本和手稿集分类》，康奈尔大学图书馆）

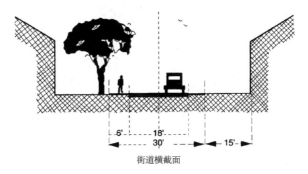

街道横截面

兰德博恩的尽端路剖面图。（伊万·本－约瑟夫）

兰德博恩的各条尽端路为汽车和社区服务提供了直通家门口的道路。由于尽端路中没有穿行的车辆，所以放低了建造标准，不设路沿石和次级供水管道与下水道管道。（迈克尔·索斯沃斯）

散步林荫道中的风景与建筑设计呈现移步换景。（迈克尔·索斯沃斯）

兰德博恩的街道结构是分级的。巨型路口由 60 英尺（18.3 米）宽的支路构成。行人的通行线路与汽车的通行线路隔开，在关键点实行分级。（《珍本和手稿集分类》，康奈尔大学图书馆）

兰德博恩的大型中央公园，为儿童嬉戏提供了安全的绿色空间。（迈克尔·索斯沃斯）

　　不幸的是，大萧条让开发商破了产，冲击了正在建设中的兰德博恩。由此，该工程进入缓慢施工时期，从来没有产生过它本应产生的影响力。尽管此项规划未被全部实现，但是时至今日，兰德博恩仍是一个非常适宜居住的且深具吸引力的社区，它传达出田园城市概念的本质。位于老一套的平凡的格栅型投机开发带中的兰德博恩，实在令人困惑，为什么它没能成为后来几十年中的发展模式。一个可能的答案是，当存在分块投机开发的选择自由时，总是很难执行大规模的统一规划。再者，大量的为公共空间而建的土地即便可通过街道建设来削减开支，也仍占据着开发商主要的一项开支投入。但是，更重要的也许是，随着对共享公共空间的注重，土地的使用都不及老一套的开发区中对私人庭院的重视；当面对大型公共绿地和步行道与大型私人庭院进行选择时，美国的购房者绝对都会坚持选择后者。

　　兰德博恩的范例为居住规划提供了新的基础，为建立在车流循环分级上的社区布局提供了一种新的原型。随着小汽车的影响力与日俱增，兰德博恩的结构成为细分布局理念的典范。正如格兹·史密斯在1929年所说的一样："这是一座为居住建造的城镇——现在或将来。一座面向汽车时代的城镇。一座把外界环境融合进来的城镇——却没有使用任何秘密途径。一座公路和花园如同你的左、右手的手指般相依相生的城镇。一座城镇，在这里孩童们在去学校的路上从来不需要躲闪机动卡车。一座全新的城镇——比田园城市还要新，是自出现城镇规划以来的第一个主要革新。"[21]

佩里、亚当斯和邻里单位

区域规划协会强调的一个主要议题，是怎样通过未经控制的、随机的地区发展淡化居住社区的小区景象。作为身兼社区中心运动与区域规划协会这两者的成员的克拉伦斯·佩里，酝酿出"街道单元——一个为家庭生活社区所拟的布置计划。"[22] 佩里的构想是在纽约 1922—1929 年间所进行的居住规划延续进程的一部分。[23] 他的目标是找到一种局部的城市单元，在与整体呼应的同时自给自足。他为此规划制定出 6 条规则：

● 尺度：居住单元应根据在此单元中对一所小学产生需求的人口数量来决定：在 150~300 英亩（60~120 公顷）的地块上居住 750~1500 个家庭，其中 40% 的地区用于街道和开放空间。

● 边界：此单元的所有边界都紧邻街道干道，足够的宽度用以消除车辆在社区中的穿行：120 英尺（36.6 米）的街道红线。

● 内街系统：此单元务必设计成为分级街道系统，其中的每一条道路都须恰如其分地满足可能的交通流量，但并不诱导车辆通行。居住街道应具备 50 英尺（15.3 米）的道路红线。

● 开放空间：务必提供一个由小型公园和娱乐空间组成的系统。

● 各机构选址：学校和其他的社区机构应集中在一个中心地点。

● 当地商店：一个或者多个满足居住人口需求的购物区，应设在社区单元的边缘及交通枢纽点，并毗邻其他社区。

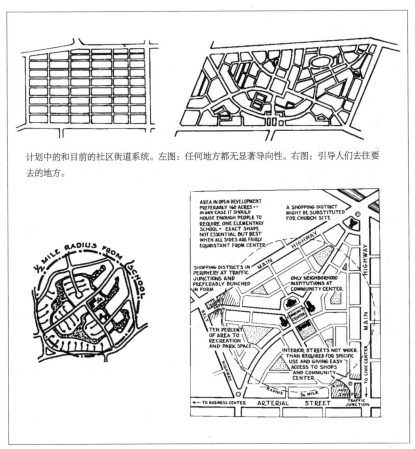

计划中的和目前的社区街道系统。左图：任何地方都无显著导向性。右图：引导人们去往要去的地方。

克拉伦斯·佩里构思出以小学为焦点的邻里单位，让所有居住区距离学校不超过 0.5 英里（0.8 千米）。街道和人行道计划被设计得能引导人们去往目的地，而经过的车辆则被拦在外围区域。（《珍本和手稿集分类》，康奈尔大学图书馆）

　　佩里的构思与雷蒙德·昂温的构想非常合拍，而雷蒙德·昂温一直就被视为社区规划方面的专家。在 1922 年呈递给纽约区域委员会的文章中，昂温认为，增加交通设施并不能根治交通拥堵，而这种拥堵是城市生活的一部分。由此，他论述到，各地应通过规划措施保护社区生活：只允许极少的街道在居住区域中经过；主街道的交叉路口应设有天桥；私家车的通行应归属到特别路线上去，避开运输设施。[24]

佩里倡导对交通理念和居住单元标准进行修订，在芒福德看来，佩里借用了许多在兰德博恩中运用的观点。与托马斯·亚当斯一道，他为纽约地区的居住街道系统拟出了一套指导原则。他的主要建议如下：[25]

● 街道应能与交通承载量和可能的车型匹配。

● 街道布局应配合地形，以增加吸引力、降低开支。

● 主要的内部街道应介于 60~80 英尺（18.3~24.4 米）宽。

● 次级街道应介于 30~60 英尺（9.2~18.3 米）宽。

● 对地方街道而言，路面宽度为 18~20 英尺（5.5~6.1 米）就已足够，道路红线应当满足人行道和绿化的需要。

● 不应在社区中出现一条让乘车者能对前方路况一览无余的街道。

● 假如无法避免笔直大道的出现，则应在街道交汇处设置街景转盘或卵形物，迫使司机谨慎驾驶。

● 纵横交错的街道、死巷和尽端路有利于安全行驶、集中注意力和富于变化。

● 尽端路和死巷只能用作统一行人与汽车通行的完整细分规划的组成部分。

● 假如采用长的街段，则行人步行道应提供一些近路。

佩里和亚当斯的贡献在于，他们让人们接受了把居住社区当作一个需要得到保护与审慎规划的特别单体的概念。尽管此构想充满革新精神并被广泛传播，但却未能被私营部门接受。联邦政府早在 1932 年就批准了这一构想，但它也仅仅是在诸如 20 世纪 30 年代中期的格林贝特城这样的大规模规划项目中使用过而已。佩里自己承认，广泛应用此构想的首要妨碍当属在美国占据主要优势的小规模建筑企业与缺乏实施大规模全面规划项目的政策。[26]有关佩里的作品的出版物恰好碰上了1929年的经济大灾难。随着建筑工业的瓦解，随着借贷和抵押的经济结构与建设的停顿，人们需要一种新的规划结构出现，一种能通过政府行政权力指导和控制全面政策的规划结构。

欧洲的现代主义思潮及其对新式街道的设想

当赖特和昂温还在把郊区田园城市视作解决城市里社会与现实中的弊端的解决方案之时，其他人却相信，改革应当在城市自身中进行。佩里关于可适配任何规划所需的独立的、适宜步行的社区单元的构想，为解决城市交通疾患提供了可行方案。欧洲现代主义建筑师从这种"交通－保护"的超级街区中，找到了营造他们心中理想城市的钥匙。诸如勒·柯布西耶、沃尔特·格罗皮乌斯和路德维希·希尔贝尔赛默这样的建筑师和规划师，都看到了汽车与技术作为重塑新城市的力量的一面。他们反对历史上曾出现过的模式，设想着一种新规模的城市，在这样的城市中，强调的是速度、运动和效率，明确区分行人与车辆。勒·柯布西耶称其为"机器时代的革命"—— 一个只能通过对规划实践及对城市实际形态的激烈改变而实现的幻想中的计划，这座为摩登时代幻想的城市将受到专业人士所设计的预想规划的裁决。

"机器时代的革命"于1928年夏发表，适逢在瑞士召开的首届国际现代建筑协会（International Congress for Modern Architecture，简称CIAM）。此次大会吸引了欧洲建筑界和商业界人士，创立了一个普遍纲领，

"旨在从教条死路上扭转建筑，将其融入名副其实的经济与社会环境中"。[27] 标准化、秩序和控制是走向经济成功的座右铭。社会与政治改革势在必行。安居于经过规划的城市里的预制安装的整齐划一的住所，是对一种有效率的社会的至高表述。

截止到 1933 年在布鲁塞尔召开的第三次大会，国际现代建筑协会一直竭力把自己从田园城市和郊区理想中分离出来。勒·柯布西耶和他的同僚们声称，田园城市导致了"枯燥无味的个人孤立"及"对集体愿望的灭绝"。[28] 他们的解决方案存在于城市自身——一座针对速度和商业成功而建成的城市。

勒·柯布西耶推崇美国的直线格栅城市，但却对欧洲中世纪的城市和西特对风景如画美学的复兴深感吃惊。对他来说，现代城市应该以直线为主，以便提供高效率的交通循环，而不是以旧城镇中的"驮驴小道"为主："交通循环需要直线；它是城市的核心……弯曲的道路是驮驴小道，直线道路才是人走的路。弯曲的道路是逍遥自在、掉以轻心、松懈、缺乏注意力和动物化的结果。直路是一种反应、一种行动、一种积极的行为，是自我约束的结果。它合情合理而高贵。"[29] "让我们使用曲线吧，假如我们希望街道是用来步行的、带点乡下派头的人行道，那儿没有建筑，其结果是城市会像一个为兜风者和保姆准备的一种小型花园或者用作展示的花园。"[30]

在他们的规划表中，原本由建筑物构成的熟悉的街道框架和满足多姿多彩的人类活动的街道框架消失了。在类似公园式的环境中的一系列独立式高楼，耸立在被架高的街道格栅上，离地 15 英尺（4.6 米），93~180 英尺（28.3~54.9 米）宽，1/4 英里（大约每 400 米）交汇一次。地平面无一例外地全由行人使用，因此他们无须穿越任何一条街道。汽车交通，这个被视为城市居住生活的决定性因素，被从居住环境中分离出来。勒·柯布西耶声明道："为了生存！为了呼吸——为了生存！栖居的家庭。现行的街道概念必须废除：街道的死亡！街道的死亡！"[31]

对现代主义者来说，城市完全是部机器，因此，只有建立在严格的秩序的基础上才能发挥其功能。由此，居民应当忘记风景如画的愉悦或中世纪乡村的随机布局，拥护纯形式上的效率和功能。这种视觉的结果常常是灾难性的：明天的城市没有人类的气息，缺少对人性和社会行为的根本理解，以及近乎只作为交通渠道的公共街道。他们忽视了街道是社区互动、购物、文化活动的场所，忽视了汽车是城市日常生活的一部分，理应被综合在街道设计中。此外，现代主义者们忽视了街道作为受到街道宽度与建筑物高度的关系、开放与闭合、连续与分隔的局限的城市建设形式的基本空间结构。

并非所有的现代主义者在架高街道高度和建造高耸的建筑物方面都持有与勒·柯布西耶相同的观点。路德维希·希尔贝尔赛默和密斯·凡·德·罗，这两位在美国建立了他们的新家的人，则更倾向于从美国郊区的低密度居住风格中得到灵感。希尔贝尔赛默与密斯·凡·德·罗一起执教于伊利诺伊理工学院，他们构思了一个结合了社区、工业和农业的新居住模式。这一模式建立在标准化与功能性分级的理想之上，这些居住单元按照各自的功能分隔城市的各要素："在交通干线一边设置工业区；在另一边，修建商业与管理区，设置绿化带，然后是由一个公园区域环绕的居住区，在其中设学校、操场和社区建筑。花园与农场、草地与森林都毗连此公园地带。所有位于此单元中的街道都是死巷。如此一来，就可避免车辆的穿行，避免其对行人造成的危害。"[32]

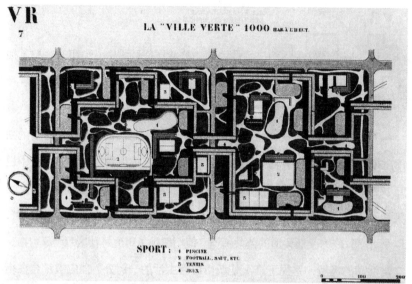

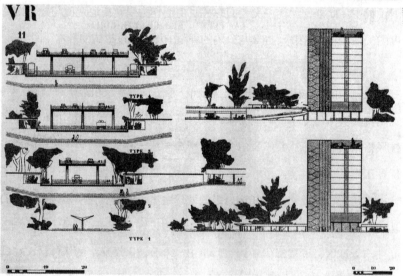

勒·柯布西耶和其他现代主义者以一种全新的眼光来构思城市。街道不再是为了社会活动而建的环境。"街道是一部交通机器；它在现实中是一种制造高速交通的工厂。现代的街道是一个新'器官'。我们必须创造出一种装备得如同工厂的街道类型。"（《勒·柯布西耶》，1929 年，第 131 页）

幸运的是，现代主义的表达方式都主要朝向建筑物。新城市建筑的乌托邦主要停留在一种建筑幻梦状态。尽管，现代主义运动为第二次世界大战后的欧洲城市的重建提供了依据，并且一些美国的中心城市也在 20 世纪五六十年代间复兴，但很快地，公众就意识到此理论的本质缺陷。虽然现代主义建筑宣称是平民化的，要表达大众口味，但是居民们却常常发现这种建筑的冷淡和存在的欺骗性。

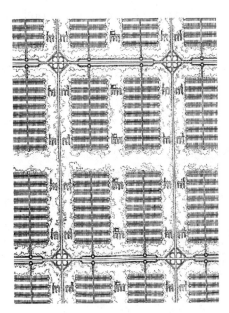

路德维希·希尔贝尔赛默想象出一种能有效降低密度的城市，该城市依据功能对街道进行明确的交通流量分级，清晰地划分土地用途。所有的住宅都必须建在尽端路里。学校被设置在位于各居住区之间的绿地空间中。（希尔贝尔赛默）

许多现代主义者持有的修建功能性和高效性社区的理念，都与美国 20 世纪早期的工程成果合拍，并且经由街道设计标准，都在后工业时代的美国城市中得以实施。带着在他的《光辉城市》中的设想，勒·柯布西耶采用了直接从新泽西州高速公路系统中得来的街道十字路口，称其为"一项完美的解决方案"。他深入解释道："交通是条河；交通被认为能遵从像河流所遵从的规则一样的规则。"[33] 同样地，希尔贝尔赛默的分级街道系统与 20 世纪七八十年代的运输工程标准类似。

柏油路

在第一次世界大战结束之后，汽车从 1915 年的 200 万辆猛增至 1920 年的 1000 万辆，这些车辆都争相使用并不能充分满足需求的道路系统。汽车的影响使得美国对运输网政策展开全面的深入的反思成为必然。尽管各州不断扩充它们的道路系统，但一个条理分明的、在经济与技术上协调发展的国家道路网仍亟待发展。这只能通过联邦当局的行动来实现。1921 年，联邦政府通过了"联邦政府助建工路条例"，以支持修建一个高度连接的州际高速公路配套系统工程加速完工。提供了联邦援助。[34] 这一行动是第一个在中央政权的控制下对美国运输政策的认可，此政策旨在制定出符合功能的、专门化的汽车行车线路。它为分级道路系统打下基础，首次制定出官方对公路和街道的分类，尤为与众不同的是，它从地方交通路网中分离出了主干线。联邦政府的货币资助引发了全国最大的一场公路改进工程。尤其在大萧条年代中，联邦的货币资助扩展到了城市与乡村的公路系统中。截止到 1938 年，改进的公路和街道总共达到 600 000 英里（960 000 千米），其中仅有 80 000 英里（128 000 千米）是对高速公路的改进。[35]

运输工程师协会诞生

发生在运输政策与公路系统上的变化，产生了对一种新的专业的需求。在 20 世纪的前 25 年中，交通工程学并不是一个得到承认的学科，也并不属于已经创立的行业的组成部分。事实上，在 1920—1930 年间，它甚至并不被认为是美国土木工程师学会中的一个独立的门类。[36]20 世纪 20 年代的道路设计师们，不得不通过在实际运用中获得的有关此领域的知识来进行工作。除了一小撮工程师外，工程师中很少有人具备区分道路建设技术与交通规划的基础知识。而这些早期的专业人士中的许多人，都是依靠自学运输规划与建设知识的土木或电机工程师。[37]

交通上发生的突飞猛进，以及在美国运输工程师协会与耶鲁大学开设的一个特殊教学大纲的共同努力下，终于在1930年促使运输工程学这一特殊专业形成。这一新专业被定义为："……工程学的一个分支，旨在研究和提高公路网与终端系统的交通性能。其目标是实现高效的、流畅的和快捷的交通；与此同时，防止交通事故发生。它的过程建立在科学的和工程学的规律之上。它采用的方法一方面包括规范和管理，另一方面包括规划和几何设计。"[38] 1939年，联邦政府、国家自然资源保护局以及美国高速公路官方协会，共同敦促运输工程师协会为一本工程学手册拟出交通工程学的指导方针和标准，并须与关于技术方面的出版物相联系。第一本《交通工程手册》于1942年出版，提出了专业实践的基础。

大部分这些早期的出版物都关注公路网的高效高速，而不是地方性居住网络。在20世纪40年代，推荐的车道宽度和交叉路口都强调了司机高速驾驶时的舒适与安全。交通工程师们希望通过更宽的车道和交叉路口来促成安全高效的行驶。12英尺（3.6米）的车道宽度通常建议作为卡车和客车的混合车道，11英尺（3.3米）则是客用小汽车车道。城市街道中的街道停车道则建议为13~15英尺（4~4.5米）。对这些尺度的解释常常是这样的："停车道宽度中的重要因素，是所停靠的车辆对高速公路容量的影响。对这种宽度更深层的解释是，在未来的某时存在着禁止停车的可能性，那时，停车道即可转变为行车道。较宽的停车道也减少了停车和取车对交通通行的干扰。"[39]

今日，公路与运输工程学专业主导着规划开发，但现代主义者的学说基础，尽管遭受反对，却仍在以效率和行驶为基础的工程学模型中得以幸存。

第四章
官方机构的操纵
使标准制度化

标准犹如习惯。而习惯是人类行为中的一个显著特征。

——美国工业会议委员会，1929 年

关于住房建设和住房所有权的总统会议

随着 20 世纪 30 年代的政府与专业性官方机构的兴起，许多标准被固化为制度，这些标准沿用至今就形成了今日郊区的结构。20 世纪 30 年代经济大萧条的严酷事实，使得美国市政权威失去效力。由于地方税收的下降以及失业率的飙升，很多市政部门濒临破产。当愤怒的失业工人群体对地方政府感到失望时，遭到警告的市长和城市官员即刻陷入了对联邦政府感到绝望的情绪中。在 1932 年 6 月的全国市长会议上，29 个城市向联邦政府递交了援救呼吁。然而，国家大选在即，胡佛政府并不情愿增加对各城市的直接援助，取而代之的是召开了一次特别总统会议，会议主题是关于住房建设与住房所有权。这一次的会议并没有直接介入或者追加任何直接的专款，但会议上所提出的建议则成为了未来一届政府对住房进行干预的雏形。超过 3700 名与住房金融税收和居住区规划相关的各方专家组成了委员会，并给出了如下建议：

- 批准在各州范围内生效的行动，授予各市政厅城市规划的权利。
- 赋予住房建筑优先权。
- 在设计居住区时遵循邻里单位。

● 采用一套细分规范管理新地区的设计。

● 对城市、城市辖区、城镇和乡村采用综合分区计划。

● 发展全面的大规模的运输规划。

● 在居住性社区保护并开发一个开放空间系统。

此次总统会议的成果并没有被胡佛政府直接采用。随着大选在即，它被留给了新一届的民主党政府，让他们去采纳或者将其融入执政政策之中。新政府领会了其中的规划观点以及与会专家所提出的大部分建议。为接下来的 10 年规划和由此取得的物质成果制订的计划，都由 3 个主要的联邦行动发展而来：采纳 1932 年总统会议的建议，于 1933 年成立国家规划部门隶属的公共事务局，成立安居协会，以及成立作为 1934—1935 年间的国家住房行动的组成部分的联邦住房管理局（Federal Housing Administration，简称 FHA）。

这一总统会议上产生的最具影响力的建议分别来自城市规划和分区委员会、细分规划委员会，以及住房金融与税收委员会。金融委员会提出，若私人企业独自施工则可能无法确保成功地建造出在购买力承受范围内的住宅。对于私人企业，金融委员会认为，它们将追求自己最大限度的市场收益，所以只有通过政府和商业部门的合作才能保证大量的住房价格处于可承受的范围内。委员会鼓励建立一个联邦规范程序，以辅助建筑工业，提供有效的贷款财政信息、房地产转让以及最新的土地细分规划。它也建议创建一个家庭贷款折扣银行系统，以使家庭贷款款项更容易回收，同时鼓励合理的家庭财政实务。这一提议促成了 1932 年的联邦住房贷款银行行动，形成联邦住房管理局的金融政策基础。[1] 城市规划和分区委员会下属的小组委员会也表示赞同，认为大规模的分散发展要想取得成功只能通过对居住规划采用一种新观点，以及对法律、法规和标准进行一次重新调整与重建才能实现。他们建议赋予城市规划和其他地方官员更多的权力。

在认同社区单元构想的同时，他们建议在新的规划中采用它，也在通过分区和规范重建现有社区时采用它。细分布局委员会希望控制投机开发商，提议推行好的细分工程与设计以及加强标准的细化，以便排除不稳定的操作。[2]

细分布局委员会的建议是基于以下基础：佩里的邻里单位[3]、托马斯·亚当斯的居住开发手稿[4]，以及前几届国家城市规划大会（尤其是第 7 届，1915 年召开）所述的："街道的宽度和布局应有分别。主要的大道不仅能容纳大规模的交通，也要能把交通从小型街道上分流，小型街道主要容纳住宅。作为一个附属的对私密性和安全性的诱导者，小型街道不应太宽。小型街道也应在设计中加入某种弯曲部分或者转折，以便进一步控制交通，同时显现出与通常意义上的单调矩形格局的区别。"[5]

该委员会建议应对如下的街道部分进行规范：

● 目标街道与毗邻街道系统的关系。

● 街道边线。

● 交叉路口。

● 转角半径。

● 尽端式街道。

● 道路红线（权属）：最低 60 英尺（18.3 米）。

● 道路宽度：最低 24 英尺（7.3 米）；4~6 英尺（1.2~1.8 米）人行道。

● 建筑红线。

● 街道级别。

● 街道名。

● 街道树木（给出了特别列表）。

● 街段长度、宽度和区域范围：最大长度 1000 英尺（305 米）。

● 划分土地权属的线：与房屋边距最小距离为 15 英尺（4.5 米）。

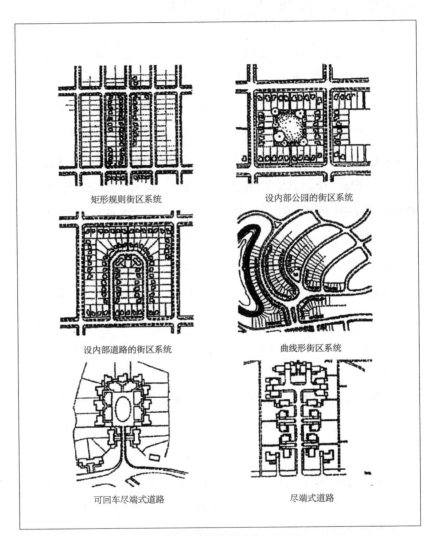

矩形规则街区系统　　　　　　　　设内部公园的街区系统

设内部道路的街区系统　　　　　　曲线形街区系统

可回车尽端式道路　　　　　　　　尽端式道路

社区道路规划类型

1932年的总统会议建议对街道设计与布局进行规范，旨在管理投机开发商。他们认同社区单元构想，并把佩里和亚当斯的工作作为他们所提出的建议的基础，也把昂温、斯坦和赖特作为参照基础。（住房建设与住房所有权总统会议，1932年）

社区单元和田园城市原则的采纳

1933 年，公共事务部门经由行政命令设立了国家规划部门。这一个新咨询规划实体正式采纳了总统会议的大多数成果，如区域规划协会的宗旨以及其成员提出的设计补救措施。它认同这一理念，即城市分权制能作为经济复苏的催化剂，只要它能受到控制且不具冒险性。对于社区结构，它建议用社区单元和田园城市理念去建设健康稳定的居住形式。为了促成协调规划的构想，国家规划部门鼓励通过城市、区域和州际机构的通力合作拟出全面的区域规划方案。国家规划部门得到了来自各社会活动家以及罗斯福总统的支持。众所周知，罗斯福有反对城市化的情结，他指出，经济稳定可以通过从城市繁华地带迁移以及发展出一种区域性结构来实现："我们需要检验的问题是我们是否能在大城市和较小的乡村社区之间为大家规划出一个更好的居住区……自从工人大规模涌进城市开始，情况就早已发生变化。甚至从战争年代以来，它们也发生了相当大的改变。其中一个最显著的变革就是汽车的出现，随之而来的是高速公路的改进……现在，工业工人没有必要再居住在他们工作的工厂的阴影之下了……工人应该在一定距离以外拥有一种广泛的居住选择权。"[6] 社会学家指出，在郊区和城市中阶级分布不平衡，并总结说，迎合上流社会需要的快速发展导致了城市社会结构的恶化。他们也把地价暴跌归咎于开发商只迎合了一个极其有限的市场的需要。1933 年的《关于社会发展趋势的总统委员会研究报告》指出："在过去的 10 年中已经给予高收入阶层所独享的专门居住区的改进设计以特别关注。乡村景色的诱惑力如何，则可以从显示这些郊区名字所蕴含的有实际吸引力的特征的过高增长率上看出，诸如海拔、远景、园林和水流方向。这里是 1920—1930 年间一些有名的郊区的百分比发生的增长信息：贝弗利山区，2485.9%；格伦黛尔，363.5%；英格伍德，492.8%……克利夫兰高地，234.4%；莎克高地，1000.4%；加费尔德高地，511.3%。"[7]

1934 年，国家住房行动得到批准，用以实施各种委员会和机构的建议。安居协会和它的郊区分会于 1935 年成立，旨在促进新区域的居住开发，并使其融入 3 个基本构思，即田园城市、兰德博恩的营造方法、格林贝特新城项目中的社区单元。它们的官方目标是：①为暂时失业人员提供实用的工作；②用实践阐明，根据特定的田园城市原则进行城市规划、运转的合理性；③为低收入阶层家庭提供物质和社区环境均健康的低租金住房。

然而，格林贝特新城项目从未能在美国城市景观中产生影响力。它仅建造了 3 个市区，却无一例外地遭遇建设失败，无法发展成为工业、商业或者政府中心，变成了特定的城郊社区。不过，用于开发它们的规划理论却对复合型家庭单元涉及的中低收入者住宅进行了强化，如同对单体家庭的居住开发一样。[8]

街道规范生效

作为政府持续强调多边合作规划的结果，许多地方政府设立了地域规划案来指导它们的社区发展。例如，在东北部，超过 20 个地区在 1932—1935 年间制订出了规划案。这是一项主要任务，旨在提供一个"让未来所有的各类居住都能感到舒适的详细规划框架"。[9]它也是通过统一道路规划和道路标准实现郊区细分协调发展的一种努力，并阻止了不相宜的街道布局的发展。一个官方规划和一张列出了遵从设定的指导方针的地图，被视作管理和维系政府政策的新工具。由此，"更寻常的弊端出现在土地细分上：不成熟的开发，导致土地闲置、经济滑坡，以及与景观不协调的丑陋建筑出现；不适合修建建筑物的土地细分；依照土地地形实施的失败的街道规划；使街道与毗邻地带的协调产生失败的不相称的土地细分；错误地使用街道功用宽度（太狭窄的主干道，太宽的居住街道）；错误地省去'玩耍和娱乐的充足空间'"，[10] 这些都可以通过地区规划与协调得到消除。

大范围的规划努力与统一的政府政策产生出了一个全新的规划设计结构。这是第一次出现了一个包罗万象的、被认为兼顾了地区和国家的规划前景。这种结构也要求设立一个中央机构来协调和管理即将出现的景观。

联邦住房管理局促进郊区化

尽管联邦政府鼓励利用专业规划案实施长期住房政策，但却恰恰是它的财政技巧才使得新环境得以成形。1934 年联邦住房管理局成立，作为国家住房行动的组成部分，它旨在通过政府的贷款抵押保证计划来重构已经崩溃的私人住房金融系统。通过提供一种政府保护措施，联邦住房管理局消除了贷方的风险，并同样为住房购买者提供了一种资金来源。开发商从刺激已经建成的房屋的销售政策和福利建房的政策中获利。经过实行长期的低利率与分期付款，更多的人发现购买住房既适宜又安全。

联邦住房管理局的财政协助和贷款抵押保证，是美国历史上最具野心的郊区规划基础。一个全面的系统评估过程确保了它的投资者不必承担风险。为了确认一桩借贷，贷方、借方和开发商都必须向管理机构递交他们所开发项目的方案和文件，由此评定他们是否具备合理的交易前景。联邦住房管理局签发的准则很快成为盛行的标准。出于与资金支持之间的利害关系，开发商们自愿地遵循所公布的标准。由此，联邦住房管理局的官员发现他们处在一个很有实权的位置上——远远超过任何规划机构的权力——凭此他们可以去勾勒即将来临的居住区开发。1934 年，近 4000 家金融机构——代表着大于 70% 的国家商业性银行——接受了联邦住房管理局的保险计划。截至 1959 年，联邦住房管理局的贷款抵押保险已经帮助了 500 万个家庭（每 5 个人中就有 3 人）购买住房，并帮助修复或改进了 2200 万个房地产开发区。[11]

联邦住房管理局对开发区和开发商的成功控制并不仅仅归功于它的财政权力，同时也因为它并非一个单纯的规划机构。社区开发商和国家房地产管理署都对联邦住房管理局的宗旨充满热忱，这与它们对政府和各地方规划委员会的畏惧形成对比。[12] 与其他规划机构不同，联邦住房管理局主要由房地产业和银行工业经营，因此，开发商们感到它的介入能保护他们的投资。创立标准和签发准则也为被认证的施工方提供了支持，使他们能在政府的支持下进一步扩大建设大规模的居住性土地细分，同时把 20 世纪 20 年代的"游荡施工者"和"无名施工者"的投机施工风尚排除在外。联邦住房管理局系统的自相矛盾之处在于，尽管它通过签发手册和房地产标准强制推行了严格的要求，但是，"它总是对私人部门显得缺乏强制。联邦住房管理局一般被发觉掺和了一种简单的商业运作——用一个听起来合理的经济未来仅为确保低风险贷款抵押。房地产所有者和房地产企业家把联邦住房管理局的规划与规范视作类似行为管制的东西——一种只要愿意就可以随意进来签订的私人合同——甚至类似于分区法律，该法律有时候看起来侵犯了建造自由。"[13]

联邦住房管理局的开发标准和贷款抵押协助是美国城市郊区化的基础。该标准支持经过确认的施工方，把 20 世纪 20 年代的"游荡施工者"和"无名施工者"排除在外。（马森·麦克道菲，班克诺夫特图书馆，加利福尼亚大学伯克利分校）

联邦住房管理局的第一批标准

　　1935年1月，联邦住房管理局第一批关于技术标准的5本出版物问世，如《未开发完成的细分中的房地产贷款抵押保障标准——国家住房行动标题二》。在《细分开发》一书中——这也是后来的出版物《技术细分》的基础——联邦住房管理局指出它在引导成功的开发的同时尽力避免设定规则或开发过程的总体目标："管理机构并不打算规范全国的土地细分，也没打算建立起各土地开发区必须遵循的陈规模式。"[14] 它继续阐明原则："然而，它却执意密切关注那些地域里是否能出现合情合理的开发准则，这些准则应致力于保证贷款抵押，准则自身必须已经经过了实践检验并且对工薪阶层社区施以公平的力量，就像它们为高收入群体所做的那样。"这些合情合理的准则随后被详细地描述出来，内附精确的测量法，精确到"最小的要求与称心的标准"。这些标准为战后郊区的街道模式奠定了基础。[15]

- 细分布局应贴和所在地点的地形，并利用自然特征。

- 街道规划中诸如宽度和施工项目都应符合当地需求。

- 并非所有街道都应该为通车或繁忙的交通进行设计。

- 纯粹的当地交通所使用的街道路面铺装可以采用价廉的材料，并且可以依据社区的特点省去路沿石和人行道。

- 铺装的路面宽度应满足每条车道10英尺（3米）宽，每条与车道平行的停车道8英尺（2.4米）宽。

- 所有交叉路口的半径至少为20英尺（6米）。

- 常青的耐寒树木应沿着所有街道种植。

- 街段的一半长度范围应为600~1000英尺（183~305米）。

● 一条令人满意的划分独立住所的线至少应为50英尺（15.3米）宽，紧随一片不少于6000平方英尺（540平方米）的地块。半相连的住所密度不应超过每英亩（0.4公顷）12个。

标准创建了尽端式道路模式

自从通过书面的标准为规范打下框架后，联邦住房管理局又提供了针对开发规划的附加提议和建议。1936年出版的《为小型房屋规划社区》的公告，阐释了联邦住房管理局运用昂温、佩里和斯坦的构想在城镇和社区规划上的演绎。使用平面图和图表——其中一些曾出现在昂温和佩里的出版物中——此公告详尽叙述了怎样建设一个理想的"平衡和谐、精心规划的细分方案"，并且它可以提高"房地产的创造性价值，通过一种不仅经济合理又能最大限度地为愉悦健康的生活提供所必需条件的预谋规划"。[16]

经过对细分布局的全局掂量之后，联邦住房管理局第一次拒绝了在居住社区中使用格栅格局，其后它的所有出版物都延续了这一政策。关于运用佩里的构想，公告声明："曾经被如此广泛地在我们大多数城市里使用的格栅规划，当被用于居住区时，显露出几个非常顽固的缺点。第一，它造成浪费，因其需要铺装较宽的区间，而这远远超过一个居住社区所必需的充分的铺装范围。第二，它导致铺装一种更昂贵的类型的路面，因为它必须在社区中均匀地分流交通，这些不断地反过来增加交通危害。除了上述缺点外，它还营造出一种单调乏味的建筑影响力，难以营造一个社区的面貌。"[17] 故此，分级结构被建议在街道布局中采用。通往中心区域的主干道沿社区边缘设置，小型居住街道被规划在开发地点内部。为了始创一个规范的格式，公告使用了图表和剖面图，以此为街道和块地建立经久耐用的标准。

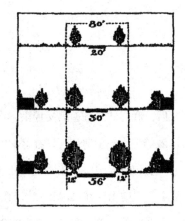

1936 年，在联邦住房管理局的首本出版物中所建议的街道宽度，详细叙述了随着社区的成长，在 80 英尺（24.4 米）的道路红线上逐渐改进街道的方法。（联邦住房管理局）

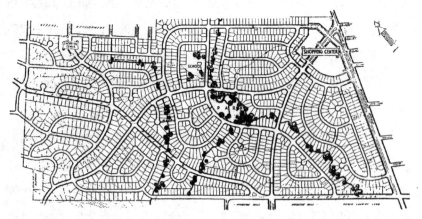

1944 年加利福尼亚州雷德伍德市的伍德塞得地产。运用佩里的社区单元构想时，联邦住房管理局 拒绝使用格栅模式，因为它浪费开支、引起交通危害并导致单调乏味。商店沿主干道布局，学校和公园设在此区域中部。当地居住街道通常为弯曲状，设有大量的环形道和尽端式道路。（联邦住房管理局）

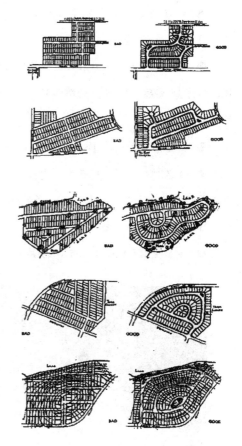

联邦住房管理局建议的细分布局与最小标准为现代细分设计打下了基础。图中所有"糟糕"的例子都是以格栅为基础的，而"优秀"的例子都是以环形道和尽端道路系统为基础的。（联邦住房管理局）

3种街道布局形式被提了出米：曲线型、尽端型和庭院型。它们的设计受明细标准与执行标准指导：

● 布局应阻拦交通通行。

● 消除宽型交叉路口。

● 街道应迎合地形，以此削减开支营造趣味横生的街景，并消除笔直的一排排长条房屋产生的单调景象。

● 居住街道的最小宽度应为 50 英尺（15.3 米），24 英尺（7.3 米）的路面宽，8 英尺（2.4 米）的绿化或设施带，4 英尺（1.2 米）宽的人行道。

● 尽端式是最引人入胜的适宜居住的街道布局；街道建设费用由此降低，因为 18 英尺（5.5 米）的路面只需要一个最小半径为 30 英尺（9.1 米）的回车道。

● 房屋后退最小为 15 英尺（4.5 米）。

● 永久性树木应种植在街道两边，其间的横向间隔为 40 英尺（12.2 米），或者每边都各距人行道和路沿石一半的距离。永久性树木还可种植在各边的人行道和建筑红线外侧。

● 前庭院应避免过度种植，以便建成一片更统一的令人愉快的沿街景象。

随着私有汽车数量的增加，越来越多的空间被划归居住街道使用。就地方街道的低交通量和低速行驶看来，标准常常显得过于繁多。（马森·麦克道菲，班克诺夫特图书馆，加利福尼亚大学伯克利分校）

1951 年，加利福尼亚的兰克伍德。始于 20 世纪 50 年代的大范围修建的新住房，都是按照联邦
住房管理局的标准建造的。（威廉·加纳特）

联邦住房管理局继此以后的出版物坚守着 1936 年和 1937 年设定的
标准，在街道布局或宽度上均无任何修改，直到 1941 年才出现修改，该
年居住街道的路面最小宽度从 24 英尺（7.3 米）增加到 26 英尺（7.9 米），
建议使用混凝土浇筑的路沿石。有三类混凝土路沿石被提了出来：① 12
英寸（30 厘米）高的内倾路沿石；② 12 英寸（30 厘米）高路面和街沟；
③ 12 英寸（30 厘米）高的辗压路沿石和街沟。1938 年，联邦住房管理
局的技术与土地规划分部针对可能的开发商起草了一份自由审查计划，让
开发商可提交初步规划用作审查。大部分联邦住房管理局的出版物都收录
了这个考查计划与所要求的形式："联邦住房管理局非常乐意与房地产开
发商、施工方以及他们的技术顾问合作，以得到高标准的土地开发区。这
一契机十分有利于对预期细分进行分析及提出相应建议，在我们的观点中，

这些接下来就将创造出更适销、更具吸引力、更稳定的居住财富。"[18] 联邦住房管理局的顾问们由此就可分析与判断各项规划是否遵守了联邦住房管理局的指导方针，以此确保一种有保障的贷款抵押。这也是一项强有力的控制，很自然地，几乎所有土地细分开发商都递交了他们用作审查的计划，目的是为了赢得有所保障的贷款抵押。

第二次世界大战后，许多年轻的家庭在住房潮中寻觅他们的郊区梦。诸如兰克伍德和利维特市这样的新郊区在全国比比皆是。（J·R·艾曼，《生活杂志》，时代公司）

由此，联邦政府通过不能被他人重复利用的简单行动，掌握了巨大的实际操控权。联邦住房管理局非常明白它拥有的权力的弦外之音。1935年，联邦住房管理局的高级管理人员詹姆斯·莫菲特在一次机密会议上告诉他的顾问团，"要制造一种让这些贷款抵押必须在'住房行动'的保障下进行的状态，如此一来，我们就能控制任意插进来的损害地价的过量施工，或者通过政治阻力迫使其只能在不符合优秀投资要求的、与世隔绝的地点施工。你们也可以控制民众倾向、社区标准、材料以及利用总统控制其他的一切。"[19]联邦住房管理局的最小标准和设计规范为现代细分开发定出了基本规则，这些规则决定了联邦公共住房权力机关战争时期的住房项目，为推动第二次世界大战结束以后的城市郊区化打下基础；这些标准也是地方政府细分规范的基础。

通过审批当地地皮控制细分

截至 1941 年，已有 32 个州通过立法授予了由各地选举的规划委员会以细分控制权。通过这种州立法机关"政治权力"的操作，土地拥有者售卖土地的权力转变成必须经由权威认证能"增进社区健康、安全、道德建设和大众福利"[20]的审批才可拥有。曾经需要得到社区批准和授权的地方规划委员会，采用了主要以联邦标准为基准的，特别是以联邦住房管理局的那些管理细分过程为基准的规划和规范。1941 年公共管理服务机构对全国超过 200 个城市进行调查发现，它们的规范都非常相似。大多数城市制定的最小的细分街道功能是，遵从社区街道规划尤其是对主要街道的规划，同时鼓励间歇性的交通，消除穿行无阻的交通。

一个有趣的转变发生在死巷上。20 世纪早期，开发商们常常不考虑整体交通循环规划，从而修建了死巷，由此诞生了问题颇多的街道结构；然而，在 20 世纪 40 年代，恰到好处的死巷设计被视为令人满意的安家之地。

　　1941 年的调查发现，小型街道和死巷的路面宽度在 22~40 英尺（6.7~12.2 米）之间变动，道路红线在 50~60 英尺（15.3~18.3 米）之间变动。所建议的最受欢迎的最小植树带宽度是 6 英尺（1.8 米），最小人行道宽度是 4 英尺（1.2 米），最小路沿石半径是 20~25 英尺（6~7.6 米）。在所调查的 213 个城市中，有 160 个要求有 50~60 英尺（15.3~18.3 米）宽的道路红线；有两座城市——马萨诸塞州的北亚当斯和纽约州的布朗克斯维尔——只要求道路红线为 33 英尺（10.1 米）；有 1 座城市——蒙大拿州的格雷特弗沃斯——要求 80 英尺（24.2 米）的道路红线。小型街道的行车道宽度一般建议为 9 英尺（2.7 米），停车道宽度最小为 7 英尺（2.1 米）。大多数与人行道有关的规范都没有明确定出人行道应遵循的规则，而是要求必须得到规划当局的批准。4 英尺（1.2 米）宽的人行道被建议在外沿居住街道上使用，但并不一定必须在内部街道上使用。为了与较早的规划形成对比，20 世纪 30 年代晚期和 40 年代早期，几乎所有的城市都要求任何行道树都必须种植在人行道建筑红线内："因为过去有沿着路沿石和人行道之间植树的习惯，因此现在给出了一种可供选择的方案的建议，在某些情况下更适用。沿着路沿石种植树木将增加机动车交通事故的严重性，又极易遭受交通的损坏；它们既干扰电话线和其他设施，却也被电话线和其他设施损坏，经过铺装的边界所能供给的有限的土壤和空气阻碍了树的生长，增加移植花费；除了在极宽的街道上种植，在路边种植的树木一般都相互拥挤并占据交通通路。在人行道建筑红线内种植行道树，因为远离了路面和交通，似乎更让人满意，尤其是在居住街道上这么做的时候。"[21]

　　由地方规划机构实施的细分规范，在社区的整体规划实施上非常有成效。人们可能期盼在每一个居住点都有贴合此地点特点的特别指导准则。事实上，地方规划政策常常如此申明："好的细分设计不能被标准化，也并非在所有地带都能通用，只有设计的基本原则和最小标准可以被公式化。"[22] 在对多样化居住型街道的设计与选择自由的呼吁中说道："简而言之，在居住社区的开发上，不论是为了富人还是穷人，我们通常都需要远离成规与教条。我们的主要行车道已经把小型街道从强加给我们的主要交通要道的规划、约束及交通中解放出来；确定空间的规范——规定街道两侧面对面的房屋之间的空间必须留出——为我们释放出尽可能多的私人空间，削弱了公共属性同时增加方便性。我们可以设人行道或消除人行道，只要非常适合特定的街道情况即可；只要我们乐意，我们可以选择建造步行街而不是一条街道，或者建造一条不带步行道的公路——只要这样做更好。"[23] 然而，实行多样化和适合地方实际情况的提法常常维持在理论状态。一条普遍适用的原则和一条地方标准之间的鸿沟尚未填平。由此，大多数地方机构结束了采用联邦住房管理局推出的全国盛行的细分标准的日子。

建筑工业对街道设计的影响

建筑工业，支持着一套诸如联邦住房管理局的标准那样的全面的国家规范，明显地善于领会地方机构的指导方针，视其为无法预言的、不易规划的、代价更高的和不利于开发的东西。为了帮助它们收回成命以及为了帮助住房施工方和房地产界，几个私人组织成立了，其中最具影响力的是城市土地协会（the Urban Land Institute，简称 ULI）。作为一个组建于1939 年的独立的、研究城市规划和土地开发的非营利性组织，城市土地协会由国家房地产协会主持，是国家住房施工方协会的顾问。它提供给开发商和住房施工方的关于社区开发的信息，都倡导了联邦住房管理局的细分规划方法，并敦促他们采纳联邦住房管理局的许多建议。它试图阻止不合常规的细分方法："在此领域中寻找合情合理的非正统的做法，或追寻违背社会性的超现代主义者与探索者，将发现自己无法找到这些。他们将发现的是经过深思熟虑的方法和程序建议，它们都历经了合理的土地规划和工程设计的考验，经历过金融风险的检验，最重要的是，经历了购买美国住房的民众是否能接受的观点的建言，这些民众在挑选住房时大都秉持传统而中庸的观念。"[24] 城市土地协会的出版物指出了各地方机构的要求中存在着前后矛盾，并常常敦促减少设施建设和开支。由此，城市土地协会在结构规划框架中常扮演催化剂的角色。当大多数地方街道及其设施被追逐利润的土地细分开发商圈定、筹资和修建后，城市土地协会强调减少下部结构的优点："在很多市政当局中存在着一种倾向，即为小型单体家庭居住的街道规定了过量的宽度。这种倾向也从类似的关于过度的道路铺装的规定上反映出。"[25]

邻里单位在 20 世纪 50 年代及其后的许多地区都显而易见。（《太平洋空中观察报》）

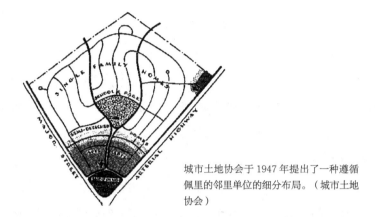

城市土地协会于 1947 年提出了一种遵循佩里的邻里单位的细分布局。（城市土地协会）

城市土地协会致力于削减建设开支和减轻开发商的负担，这些都反映在它于 1947 年出版的为居住街道建设提出的建议上：

● 道路红线：最大 50 英尺（15.3 米）。

● 道路宽度：最大 26 英尺（7.9 米）。

● 人行道：宽 4 英尺（1.2 米）带规则路沿石，3 英尺 6 英寸（1 米）宽带辗压路沿石。"人行道应倾向于鼓励利用街道作为娱乐场所，而不是鼓励在诸如私人庭院或操场这类背对街道的区域中玩耍。总之，顾问团建议至少在街道的一侧设立人行道。"。

● 路沿石："辗压路沿石最受钟爱。它们提供了一种赏心悦目的连贯的街道线条，在此，不需要昂贵的路沿石雕刻，它是街道建设中最具实用性的削减开支的项目。"

● 交叉路口半径范围：半径为 15 英尺（4.5 米）。

● 绿化带：建议主要使用垂直路沿石，作为杜绝路沿石雕刻和减缓行车道坡度的方法。建议街道每侧最少有 8 英尺（2.4 米）的宽度供绿化使用。[26]

城市土地协会在 1974 年的出版物《居住街道》中继续呼吁放低地方街道标准，并重新强调要调整其他街道的用途，使之不局限于仅供汽车通行使用。[27,28,29]

　　有一个与城市土地协会密切相关的组织叫作国家住房建筑商协会（the National Association of Home Builders，简称 NAHB），也强烈反对过多的标准。在其于 20 世纪 50 年代出版的《土地开发手册》中，这一组织质疑道："为什么达到 36~40 英尺（10.9~12.2 米）的地方居住街道的宽度仍然会受到某些高速公路工程师和规划委员会的拥护呢？"这一疑问至今仍然存在于很多规划师和设计师的脑海中。那本手册给出了如下的显而易见的理由：①错误地理解街道位置、边线宽度和用途之间的关系；②固守陈腐的理论，认为每条街道都应该设计成一条方便车辆行驶的街道；③坚持在狭小街道采用连续的边线；④忽略诸如建设费用、维护费用和修缮费用等经济因素，建造出超出实际所需 54% 以上的道路路面。[30]

　　地方规划机构拒绝接受建筑工业强调的重新思考街道标准的观点。标准街道规划的威胁随着汽车购买人数的增长，助长了一场持续不断的、守旧的细分设计。

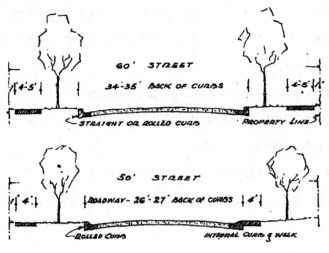

代表土地开发商的意向的城市土地协会，于 1947 年为居住街道提出的标准，反映出他们旨在通过缩小路面、辗压路沿石及完整的路沿石与人行道的设计，用来削减建设费用的愿望。（城市土地协会）

交通事故与格栅

在居住街道中交通穿行产生的安全问题，直到 20 世纪 50 年代中叶才由交通工程师们首次提出，时值通过一种分级街道网把重点转到阻碍交通通行的时期。然而，居住街道的交叉路口和几何结构保持不变。最早的关于居住细分中的街道安全的工程研究之一，在 1951—1956 年间在洛杉矶展开，测试在完整的格栅模式开发区中的交通事故率，将其与盛行的联邦住房管理局的受限通道和曲线模式做比较。此研究追踪了 86 个居住细分街道，涵盖了总计为 4320 英亩（1728 公顷）的已开发土地，共 53 000 人；108 英里（173.8 千米）的居住街道，以及 660 个交叉路口。该研究结果表明，格栅格局细分的交通事故率大大偏高：每年为 77.7%——与相等面积受限通道的细分布局中每年 10.2% 的交通事故率形成对比——一个几乎是 8 ：1 的比率。格栅格局中 50% 的交叉路口在 5 年间至少发生一起交通事故。与之形成对比的是，在受限通道模式中，5 年间仅有 8.8% 的交叉路口发生交通事故。这一区别具有特别意义，因为位于受限通道上的交叉路口比格栅街道上的多出 65%。尤其令人吃惊的是，无数 T 形交叉路口处却无交通事故发生记录。总体来看，T 形交叉路口被证实比向四个方向伸张的十字路口安全 14 倍。[31] 这些行为研究的发现，使交通工程专业能对居住细分中非连续的街道模式做出合理的判断。然而，这些研究应当被谨慎看待，因为此项研究似乎具有几个局限，其中包括对诸如交通流量与社区密度、地形与模式的多变性的控制等。

为了扩大土地利用研究及其研究发现，运输工程师协会创作了一本技术出版物，旨在为广泛采用的细分布局中的非连续形态制定工程标准。1961 年，哈诺德·马克思，即《洛杉矶研究》的作者，向第 31 届交通工程师年会呈递了一份针对《地方街道与支路的几何形》的提议。这一提议呼吁建立明确的街道分级："街道分级产生的问题之一是缺乏目前广受欢迎的统一性。"此提议强调采用促进一体化居住系统的必要性：

● 限制进入周边高速公路的通道。

● 以非连续的地方街道阻碍交通穿行。

● 结合弧形定线、尽端路、简短街道行程和急弯旋转的设计模式。

● 通过剖面宽度对通行街道和社区支路进行明确区分。

● 大量的"T"形交叉路口。

地方街道道路红线40~60英尺（12.2~18.3米）宽，路面26~36英尺（8~11米）。[32]

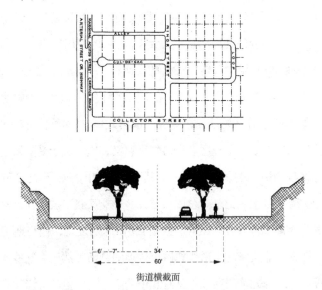

街道横截面

运输工程师协会1965年和1984年的居住街道标准，强调了非连续模式和一个相当宽的铺装区域。（剖面图：伊万·本－约瑟夫；平面图：运输工程师协会）

　　1965年，运输工程师协会出版的《街道细分的推荐实例》声明："细分设计的首要目标是达到最大可能的居住率。这要求具备一个安全有效的通道和循环系统，相互关联的住房、学校、操场、商店，以及其他兼顾行人和汽车的细分活动。"[33] 原则包括：

- 循环系统应安全有效。

- 街道系统应整体设计而不是零散地设计。

- 地方街道系统应设计成只容许低交通流量和最少的交通通行量通行。

- 地方街道应通过使用曲线模式和非连续性设计，阻碍超速行驶。

- 行人－汽车的冲突点应降至最少。

- 仅给街道留有最小数量的空间。

- 最小的交叉路口应当优先选用"T"形而不是十字形。

- 地方街道应适合地形。

《街道细分的推荐实例》也提出一套几何地形标准，主要目的在于提高汽车行驶效率。它们阐述了灵活的原则与僵化标准实施后果之间的冲突。运输工程师协会声明道："尽管在社区和社区街道系统的布局设计中遵循合理的标准非常重要，但是为居住设计所涵盖的变化、实验和改进留有余地也同等重要。"然而，它却列出了这些死板的标准：

- 道路红线：最低60英尺（18.3米）。

- 路面宽：32~34英尺（9.8~10.4米）。

- 路沿石：垂直带街沟的路沿石，不推荐使用辗压路沿石。

- 人行道：双边都设人行道，最低宽度为5英尺（1.5米）。

- 绿化带：6~7英尺（1.8~2.1米），向街道倾斜。

- 坡度：最低4%，最高15%。

- 尽端路：最大长度1000英尺（305米），末端半径50英尺（15.3米）。

- 停车道：8英尺（2.4米）。

- 行车道：最小宽度10英尺（3米）——供一辆车通行，双边各设

简单的街道设计标准工程手册对美国地面景观产生重要影响。因其绝对性和无可置疑性，使得它们变成了一个僵化的框架，几乎排除了所有创造性和多变性。它们构成了社区和小区的总体模式，也奠定了每个居住区和居住街道的品质特征。（图a：威廉·加纳特；图b：土地幻灯片，亚历克斯·S·麦克莱恩；图c：迈克尔·索斯沃斯）

有 20 英尺（6.1 米）宽的路沿石渠道和 5 英尺（1.5 米）宽的照明带。

当 1984 年《街道细分的推荐准则》出版时，运输工程师协会制定的标准与街道几何结构仍然与 1965 年的版本保持不变。1990 年，运输工程师协会的技术顾问委员会出版了另一个版本——《居住街道细分设计准则》。[34] 这一出版物的主要变化是，把绿化带的宽度降低到最小 5 英尺（1.5 米），把尽端路的长度从 700 英尺（213 米）延长到 1000 英尺（305 米），把末端半径增加到 60 英尺（18.3 米）。

运输工程师协会的标准被作为细分规范得到各地方机构和公共事务部门的广泛应用。一本简单的手册能对城市的建设方式产生如此巨大的影响的确非比寻常，而人们对它几乎无质疑、无评估地加以运用也非比寻常。运输工程师协会设立了一个堪称是建立在经验主义研究上的、带有科学基础的专业框架和一种参考资源。除了其声明的对多变性和实验的兴趣外，它们所提供的解决方案显得专制而无可置疑，并没有为新的设计成就留下余地。在工程学专业领域，运输工程师协会的标准似乎并没有太多地意识或关注到这些建造标准将对美国的地面景观和社区生活品质带来的巨大影响。

第五章
适宜居住的街道
重新思量社区街道

假如城市是为了留住它们的城民，假如能源短缺迫使我们回到浓缩的城市，那么，就必须找到一些方法，让城市社区成为工作一天后休憩的天堂，而不是被淹没在噪声、浓烟与尘埃中的危险的栖息地。

——唐纳德·艾普利亚德，1981 年

今天，新的开发区继续向新的领地扩展城市的边界，但业已确立的标准的框架仍对居住环境的形式施加控制。我们怎样才能去掉这件束身衣呢？有能更好地为使用者服务的、改变新居住街道建造方法的成果吗？现行模式能由此得到改进吗？在本章中，我们探讨一些有成功希望的可能性。

向传统的街道模式学习

1927 年在设计兰德伯恩的时候，克拉伦斯·斯坦曾呼吁过一项"在规划上的革命"。他向现有的适合汽车行驶的规划方案提出挑战，提出了一个"彻底修正房屋、公路、小径、花园、公园、街段和地方社区的修正案"。[1] 斯坦对变革的呼吁，事实上一直停留在未能得到响应的状态，设计师们和规划师们仍在继续搜寻细分布局的修正方案。

新城市主义运动为拓展郊区提供了为数不多的可选方案之一——新传

统社区。城市设计拥有借鉴过去的悠久传统，这是一种当今天的新传统主义设计师们带着怀旧的眼光回顾美国的小城镇，期望从中找到一个常规城郊开发区的备选方案时仍在继续的传统。这些规划旨在重现传统的步行模式和复合性用途的社区，并提议回归昂温和帕克的某些田园城市理念。

与常规的郊区相比，新传统开发（neotraditional development，简称 NTD）——至少在草图阶段——是以某种更高密度的、混合用途的、提供公共交通系统的、迁就行人与骑自行车者的、相互紧密联系的街道模式为特征的。两个针对常见的、低密度的、以汽车为本的郊区土地开发的备选方案被提上日程。一个备选方案是传统邻里开发或新传统开发，它从经典的小城镇中汲取灵感——适宜步行，具有明了的城市结构、复合型的用途和复合型住宅式样，以及建筑物与空间之间的协调设计。另一个备选方案是行人专属区，有时指以行人为本的开发区（pedestrian-oriented development，简称 POD），或者以公共交通为本的开发区（transit-oriented development，简称 TOD）。它类似于在新传统开发区中所关注的适宜步行的便道，但几乎不强调对建筑形式的控制和对历史风格的竭力仿效。在它的一位发起者彼得·卡尔索普看来，它是"一个复合型用途的社区，在其中距公交车站和核心商业区平均只需 1/4 英里（0.4 千米）的步行距离。设计、结构和复合性用途突出了一个以行人为本的环境，强化了公共交通的作用"。[2] 它们的设计师断言，这些成就将极少依赖汽车，将减少行驶的距离和时间，扩大公共交通的作用，比典型的 20 世纪后期的细分更加有助于形成社区的感觉。[3, 4]

两个新传统的以公共交通系统为本的开发经典实例如下：马里兰州盖瑟斯堡的肯特兰兹，一个由安德鲁斯·杜安利和伊丽莎白·普雷特 - 热贝克共同设计的传统社区开发方案；加利福尼亚州萨克拉门托市的西拉瓜那，一个行人专属区或称以行人为本的开发区，由彼得·卡尔索普及其协会设计。我们在此主要关注它们在街道设计上的成就。为了有一个参照的基准，我们用位于加利福尼亚州伯克利市的埃姆伍德——一个传统的20世纪之初建设的马路郊区——来与新传统开发区做比较，这将十分受用。其中，有几项还将与20世纪后期常见的郊区进行比较。

肯特兰兹

坐落在马里兰州盖瑟斯堡西南边界处的、历史上著名的肯特家族的356英亩农场里的肯特兰兹，设计于1988年，是一个集1600个住宅单元、预计5000人口入住的社区。它的四周环绕着传统的老一套的郊区规划单元开发区以及类似其他郊区的以汽车为本的商业带，故此，它并非一个独立的社区，必须依靠盖瑟斯堡和较大的大都市区域来为它提供服务和工作的机会。此地已建有一座教堂、一所小学、一个日间康复中心和一个社区娱乐中心，并且第二座教堂和一座图书馆正在筹建中。100万平方英尺（92900平方米）的办公空间和120万平方英尺（111500平方米）的商品零售空间已被规划出来。

平缓起伏的山丘、成年的树木和广袤的老农场，是此开发区的显著特征。由于被分散成几个明确的社区，因而令此村社避免了单调与乏味，也避免了在大批建造出来的郊区中抹杀自己的地方特色。包括老农场在内的社区，如山林区、门屋区、湖泊区以及城中区（一个与购物中心紧邻的地方商业中心），都与被修复的原始农场的房屋融为一体。一项主要的结构性声明是，采用分岔的林荫大道连接学校所在的西面的圆形入口与半圆形的娱乐中心。一些地标建筑物作为部分街景的终止符而存在。一片相对悦目的杂色谷地，混合房屋式样与首尾呼应的格局，已经在此居住区中建成。

肯特兰兹的感觉与老一套的城郊开发区有显著区别，带有强烈参照了以前的联邦风格、经典文艺复兴风格和其他风格的混合风格的建筑风格。

这一开发区的白色尖桩栅栏、门廊、田园景色的小径和带马车棚的庭院，唤醒了在马里兰弗吉尼亚的乡土气息中，因经历岁月磨砺而产生的亲切的小镇感觉。一种"历史性的"的画面油然而生，尽管它只是一幅混杂了历史上曾经真实存在过的老农场建筑物那种令人心旷神怡的画面而已。它的特征中一个极其重要的组成部分，是保留了众多已经长成气候的树木和地形特色景象。建筑物的坡度和地点与自然环境非同寻常地和谐。通往车库的专用通道消除了在街道上设置车库大门和私人车道的迹象，对街道特征产生了重要影响。此外，房屋背面的巷道和马车房庭院常常是引人入胜的地方。

新传统开发区肯特兰兹的街道与 20 世纪晚期典型的郊区存在显著不同。这里的街道相对较窄，两边设人行道和绿化带。传统的建筑风格和街道细部营造出一幅扑面而来的"历史"画面。（迈克尔·索斯沃斯）

肯特兰兹的街道格栅被划分为几个社区，每一个都各具特色。人行道网经过精心处理和勘测。各街道格局大都相互连接得很好，为穿越这一区域提供了许多各不相同的路线。车库建在房屋背面，由专用小径相连。（迈克尔·索斯沃斯）

西拉瓜那

位于一块平整的、没有树木的 1018 英亩（407 公顷）的原水稻田地址上的西拉瓜那，几乎有肯特兰兹的 3 倍大。它始建于 1990 年，预计为比肯特兰兹多两倍左右的居民提供住所：3300 个住宅单元，8000~10 000 户居民。包括居住区域在内，另设有集市中心、商品零售区和办公空间，以及集教堂、日间康复中心和一所小学为一体的社区中心。轻工业空间紧邻社区中心，其中有苹果公司的生产工厂。它距离萨克拉门托市中心以南约 12 英里（19 千米），但处于城市边界以外，近来环绕西拉瓜那出现了一片常规设计开发区，但是相互之间的道路连接很薄弱。像肯特兰兹一样，它也将作为大城市的工作和供给地区。它距离萨克拉门托市和斯托克顿市中心各半小时的车程。

西拉瓜那最具冲击力的设计特征，是具有正式的中轴对称格局和咸水湖，以至于第一眼映入眼帘时会感觉像是把凡尔赛官带进了艾尔文市。在设计师看来，辐射状的规划是为了尝试弥补平坦而无生趣的地点，从而营造一个具有强烈视觉冲击力的焦点和一个华丽的规模。三条轴线在社区中心汇合，可供步行到零售商店和办公空间。其中两条轴线是超过 0.5 英里（0.8 千米）长的垂直街道，从社区中心延伸至社区的各个街区；中心轴线是一条绿化道路，通往公园、小学和日间康复中心。主要的浅人工湖构成社区中心的南部边界，三条轴线在此相交，在进入紧邻的湿地前，人工湖通过自然方式净化了表面径流。与肯特兰兹相比，建筑物的样式粗劣而且过多重复，在私人街段中缺乏混合型的房屋式样和尺寸。它也缺乏一种各个街区清晰明了的感觉，而正是这种感觉却极大地促使肯特兰兹成为一个充满生趣的居住地。

在西拉瓜那的某些街道中实行的一项革新是，把树木种植在经过铺装的区域中的井状围栏内。此举的目的是为了界定停车区，并最终营造出较窄街道的感觉。（伊万·木－约瑟夫）

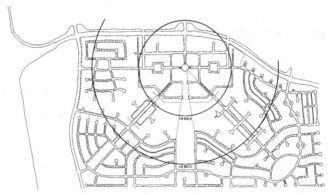

西拉瓜那一条凡尔赛式的轴线向镇中心汇合。当地街道的布局与其他郊区相比并无显著区别，尽端路的数量非常充裕。（迈克尔·索斯沃斯）

西拉瓜那与肯特兰兹相比，更具有20世纪后期的郊区感觉，成排的独立式住宅沿着光秃秃的街道曲线分布。然而，也有些许微妙的区别。西拉瓜那比大多数郊区更具有强烈的"街景"感觉，因为其中许多房屋前建有门廊和庭院，而把车库建在房屋侧面或背面，避免了"车库景观"的街道画面的出现。与肯特兰兹相比，它较少具有明显的建筑规划和历史主义的痕迹。猜想这也许是为了吸引萨克拉门托的购房者。

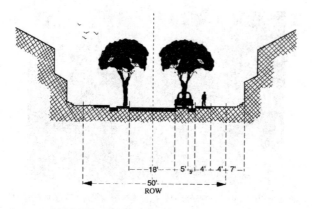

上图为西拉瓜那街道剖面图。（伊万·本－约瑟夫）

埃姆伍德：一个传统的马路郊区

传统的开发区为诸如肯特兰兹和西拉瓜那这样的新传统范例提供了一个实用的对比。尽管它们是在不同的经济、社会和技术框架下开发出来的，经历了岁月的打磨日渐成熟，但是仍然可以从与人的活动、建筑形式和公共空间相关的街道规模及布局中借鉴许多东西。始建于 20 世纪早期的位于伯克利市的埃姆伍德区，与同时代在全国其他地方可以见到的马路郊区十分相似。其前身是一大块地产区域，这些地产在 1906 年旧金山大地震后的住房潮中被划分成几片。像大多数其他马路郊区一样，埃姆伍德一开始就是一个真正的郊区，位于远离中心城市的空地上。但经过一个世纪的城市膨胀扩大后，它已经变成旧金山东海岸大城市区域整体的一部分。今天，它是一处令人心旷神怡的步行社区，以单体家庭住房为主，但其中有一些已被改建成公寓或供两个家庭居住的房屋。在格局上，埃姆伍德区是一个由尺度变化的街段组成的改良过的直线格栅，建筑形式的处理精细而富于变换。与新传统范例不同，它不带任何明显的正式设计元素。在大约 225 英亩（90 公顷）的区域中——小于肯特兰兹面积的 2/3——分布着大约 2300 个住宅单元，其中包括 1100 户单体家庭住房，合计约 5000 人口。

在埃姆伍德，每条街都是独一无二的，人行道和绿化带沿着相对狭窄的街道分布。各住宅被分批修建，因而显得比今天的郊区更富于变化。住宅正面的门廊提供了一个通往街道的过渡空间。（迈克尔·索斯沃斯）

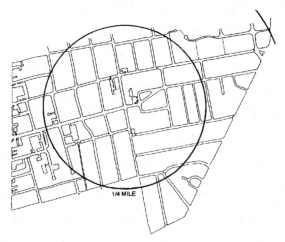

埃姆伍德的街道模式，一种可以追溯到 20 世纪之初的马路郊区，呈直线格栅状，各街段的形状与尺寸略有不同。它不带任何正式的设计特征。所设的"伯克利屏障"把相互连接的格栅转变为限制驾车者通过的格局。（迈克尔·索斯沃斯）

埃姆伍德与肯特兰兹和西拉瓜那相比，似乎开发得更增值，营造出了一种舒适的居家感觉。因其建于大开发时代之前，房屋分别由形形色色的施工方和建筑师在一块块划出的土地上建成，洋溢着多种风格，从手工艺木片瓦到经典的文艺复兴风格或地中海风格，营造出并非出自一名设计师或规划师之手的感觉。房屋前带门廊，为从街道入内提供了一个过渡空间，车库的典型特征是小型车库，设置在住宅背后的转角处。带绿化带的人行道沿着相对狭窄的街道建成。每一条街道都是独一无二的，已经长成气候的树木为其平添了许多视觉乐趣。

新传统街道的设计与格局

新传统的拥护者们认为，标准的郊区居住街道因其非连续的格局，限制了通行容量。通过消除尽端路并把大多数街道设计成相互连接的街道的方法，新传统设计为通行提供了多重路线选择方案。因此，在概念上，整体路网容量提高了，交通得到疏散，拥堵减少。然而，这些言辞有时并不那么真实。

对比典型的郊区街道设计，新传统设计诉求较狭窄的街道。基础街道由双车道组成，每条各通向一个方向，至少一侧设有停车空间。计算得出的最低限度的宽度是 28~30 英尺（8.5~9.2 米）。经过鼓励在街道上停车，新传统的支持者认为，一排停靠的车辆提高了行人的活动能力，因其在行人与行驶车辆之间建立了一个缓冲带。另一方面，交通工程师却常常过度焦虑在街道上停车的问题，特别认为那将增加"冲出车道"的交通事故数量：当行人——尤其是儿童——从停车地闯进车道时。经验显示，此类担忧可以通过控制车速和交通流量的方法很容易得到减轻，此外，转变成遵循自然法则的街道设计能控制驾驶员的行为，减少潜在冲突。

　　在肯特兰兹、西拉瓜那和埃姆伍德，当地街道都比常规开发区中的狭窄一些，都在社区内设有人行道和行道树，以上两个特点在今天的城郊开发区中显得非同寻常。由于较少采用环形道和尽端路，街道格局更显得相互衔接，这在肯特兰兹最为突出。肯特兰兹和西拉瓜那这两个新传统主义开发区都糅合了常规城郊开发区极少见到的正规设计元素：西拉瓜那的轴对称街道以及肯特兰兹的连接两处正式的城市空间的分岔的林荫大道。

　　肯特兰兹的街道相对狭窄：50 英尺（15.3 米）道路红线，36 英尺（11 米）路面宽度，其上两条 10 英尺（3 米）宽的行车道，两条 8 英尺（2.45 米）宽的停车道；两侧 4~5 英尺（1.2~1.5 米）宽的人行道和绿化带贯穿始终；巷道宽 26 英尺（8 米）宽的巷道，12 英尺（3.6 米）宽的行车道路面，以及双侧 7 英尺（2.1 米）宽的草地绿化带。城市中的行道树种植在较宽的街道两侧，但在较窄的街道上只在一侧栽种。区域内有数量巨大的相互平行的笔直街道和转直角的交叉路口，在巷道中也是如此。然而，每个区的街道布局都有变化，当与巷道和行车道旁的房屋庭院相连时，就形成一个出奇制胜的路网。街道大量运用改良过的变得弯曲的格栅格局——并非是棋盘方格那样纵横交错的图案——在巷道中加入了一些尽端路，在沿湖地区使用了环形道。一些社区跟其他社区相比少了相互连接的街道，例如，介于城中区与其他区之间的汽车通道连接得较单薄，因为它们之间是湿地。行人与自行车路网异常错综复杂，连接交融完善，每个区都设有为数巨大的备用小道，其中许多小道与街道和巷道平行。大部分步行路线因小范围的细节和随机变化而产生视觉乐趣，这些也随着街景和焦点的变化而有所不同。小道看起来更适合儿童嬉戏、访亲拜友和成人休闲，但它们似乎并不能满足日常活动的需要，除了满足在购物中心、娱乐中心或学校附近的居住需要外。

在西拉瓜那，虽然声明的主要设计理念是从中心向外辐射开的 3 条轴对称林荫大道，但这些大道穿过的许多街道网与其他郊区的街道网并无显著区别，街道中极少见到直道，尽端路却为数颇多。此居住区的街道格局是改良过的弯曲格栅，附带一定数量的尽端路。与某些郊区不同，此区域中设有人行道，某些地方设置了砾石啮合铺装的小道。考虑到它平坦的、光秃秃的地形与看似未竣工的状态，这可不是一处充满乐趣的步行地。主要街道均为标准宽度以便容纳消防车，但地方街道要狭窄一些——30 英尺（9.2 米）宽。与常规郊区的主要不同点之一是，树木栽种在井状围栏内组合成的街道空间，分解了轴对称街道的停车带以及某些社区位置。当这些树木长成时，它们将营造出一种较狭窄街道的感觉，但在目前，一些居民正抱怨井状的围栏不容易被发现而显得有些危险，尤其是当围栏中缺少树木的时候。

埃姆伍德的街道格局——一种变化街段尺度的改良的直线格栅——没有正式的设计特征，尽管某些街道种有主题行道树。十字形交叉路口占主导地位，但也有一些“T”形交叉路口，有 5 条尽端路、1 条环形道。已经长成气候的树木掩隐着狭窄的街道［30~40 英尺（9.2~10.4 米）宽］，设有停车道，也在双边设有毗邻狭长植被带的人行道。为了营造更安静、安全的“伯克利屏障”修造了居中街道，旨在把相互连接的格栅格局转变成一个主要由环形道和尽端路组成的、为汽车驾驶员使用的格局。事实上，这些为街道格局增加了 15 条尽端路。然而值得重视的是，是为了行人和骑自行车者才保留了格栅连续，这是在大多数郊区尽端路开发区所缺乏的特质。

比较各街道格局

街道格局对社区的品质和特质具有十分重要的意义。划归街道占用的土地总量与基建开支直接相关。每单元面积上的街段、交叉路口、通道口和环形道或尽端路的数量，影响着对路线的选择和便捷的穿行路线。几种街道格局的对比显示，埃姆伍德明显是开发区中最具直线型的一个开发区，并且在所分析的单元内，它也拥有最短的街道总长度 18 000 英尺（5500 米）——不管它的街道之间高度是多么紧密相连；肯特兰兹的街道总长度为 24 000 英尺（7300 米），西拉瓜那的为 19 000 英尺（5800 米）。埃姆伍德和肯特兰兹拥有几乎相同数量的街段，即每单元面积 23 条和 24 条，但是西拉瓜那只有 16 条。埃姆伍德和西拉瓜那拥有相同数量的交叉路口，即每单元面积 20 个。然而，肯特兰兹每单元面积有 41 个，是它们的 2 倍多，因为它拥有大量的巷道。这些创造出更多的路线选择，并由此创造出一个更引人入胜的精心规划的路网。在研究从外部进入此区域通路的问题上，肯特兰兹在所研究区域内拥有 22 个进入点，而埃姆伍德为 16 个，西拉瓜那仅有 14 个。然而，当将整个开发区与埃姆伍德进行对比时，肯特兰兹和西拉瓜那却显得与周遭的城市环境联系薄弱。在这一层面上，它们与其他城郊的规划单元开发区并无什么区别。最后，当分析到传统的和新传统格局的环形道和尽端路问题时——非连续郊区街道形态的本质——埃姆伍德仅有 1 条（包括交通屏障在内为 8 条）；然而，西拉瓜那，却在所研究的区域中拥有 15 条环形道及尽端路，肯特兰兹有 10 条，这两者都显得远比埃姆伍德郊区化。

通过比较 20 世纪 60—80 年代的郊区中的这些格局，显示出新传统格局一般比老一套的郊区具有更多线状街道长度、更多的街段、更多交叉路口以及更多进入点，使得它们的建造维护开支更多，它们比最近出现的郊区格局（"在一根杆上的棒棒糖"）少了一些环形道和尽端路，但比起诸如 20 世纪 60 年代的"弯曲的平行"格局和 20 世纪七八十年代"面包圈与棒棒糖"这类较早的郊区格局多了一些环形道和尽端路。由此，新传统开发区在提供路线选择与便捷方面取得了一些成果。

传统街道模式和新传统街道模式的对比分析

项目	埃姆伍德 （1905 年）	肯特兰兹 （1989 年）	西拉瓜那 （20 世纪 90 年代）
街道模式			
交叉路口			
街道长度 （英尺）	18 000	24 000 （7000 条巷道）	19 000
街段数	23	24 （14 条 W.O. 巷道）	16
交叉路口数	20	41（其中包括巷道 数量）	20
进入点 数量	17	22	14
环形道和尽 端路数量	1	10	15

显而易见，埃姆伍德是其中最具直线型的格局，其街道总长度最短。西拉瓜那更像其他常见的郊区，这体现在它的街段数量、通向相邻较大支路的入口以及环形道与尽端路的数量上。每一边的面积是 2000 平方英尺（185.8 平方米），大概包括 100 英亩（40.5 公顷）。（迈克尔·索斯沃斯）

郊区街道模式的对比分析

项目	格栅（1900年）	断裂平行式（1950年）	弯曲平行式（1960年）	"面包圈与棒棒糖"型（1970年）	"一根杆上的棒棒糖"型（1980年）
街道模式					
交叉路口					
街道长度（英尺）	20 800	19 000	16 500	15 300	15 600
街段数	28	19	14	12	8
交叉路口数	26	22	14	12	8
进入点数量	19	10	7	6	4
环形道和尽端路数量	0	1	2	8	24

通过比较20世纪60—80年代的郊区模式，可以看出，新传统模式普遍拥有更长的街道总长度、更多街段、更多交叉路口以及更多的进入点。这意味着它们能提供更多的路线选择和更多方便性。（迈克尔·索斯沃斯和彼得·欧文斯）

　　另一个对新近建造的新传统社区的对比——弗吉尼亚州的贝尔蒙特与在同一地点规划的一个典型开发区——更突出了以上论断。整体上，新传统开发区比典型的郊区设计多出了50%的街道长度英里数。它拥有几乎50%以上的巷道英里数，多出近1/3的街道交叉路口，由此也多出73%英亩的道路红线。这些多出的英亩数和巨大的街道英里数导致了较高的基建开支，而这些最终都分摊在房屋购买人头上了。[5]

新传统设计理念的兴起促使交通工程学专业展开一些运输方面的研究。由于没有哪个新传统社区是完全用运算来运作的，因而，电脑建模被用来检验这些宣称新传统街道网将比常规郊区路网更有效地增加对路线的选择的断言。采用多重路线和交叉路口能令交通更加畅通，避免在某一条街上的交通特别拥挤。尽管像这样的街道系统有减轻主干道交通负荷的潜力，但它却将增加居住区街道的交通量。[6, 7]汽车易于进入小型居住街道的比例增加，而交通流量的增加使得穿过居住街道的行车速度过高，这些都可能演变成阻碍增进社区中的步行行为与社交互动的障碍。

步行通道

当然，步行路网是构成街道设计整体的必要组成部分。在新传统开发区中，人行道、一些专用步行道和自行车小道都有助于拓展步行通路，而通过尝试对公园、学校、市民设施、商店和服务设施这些地点进行串联，也能创造出一个人行道网。与大多数郊区不同，肯特兰兹和西拉瓜那都试图通过在开发区中安插一个以步行为本的购物/办公中心来统一零售与办公空间。

一些研究人员发现，可供美国人每日步行的距离是非常有限的，从400英尺（120米）到0.25英里（400米）。安德曼恩发现，70%的美国人每天因公事步行500英尺（150米），40%步行0.2英里（320米），只有10%的美国人会步行0.5英里（800米）。[8]类似地，巴伯发现，人们为特定行程步行的距离介于400~1200英尺（120~370米）。[9]假如这些发现也适用于新传统开发区的居民的话，那么去许多零售店和服务中心的距离，特别是在西拉瓜那，简直长得难以想象，很难让大部分居民以平常的方式步行过去。土地使用格局不起作用，因为商业区都坐落在边远的外围地带而并非这两个开发区的中心地带。因此，对大多数居民来说，这些社区更像是以车为本的社区，就像别的郊区一样。区别只在于，这儿有个步行路线网可供儿童和成人消遣之用，精心规划的四面贯通的步行路线能产生视觉上的乐趣，令步行和骑自行车成为一种享受。据非正式报告称，周围地区的人常常驾车到肯特兰兹只为了去散散步，因为它比其他大多数郊区更有趣、更适宜步行。由于这一地点不设零售商店和任何商业性用途，所以当去日常生活用地的时候，在某种程度上仍要依赖汽车。大部分的家庭距购物中心有5~10分钟的步行路程［0.25~0.5英里（400~800米）］。尽管设计师绞尽脑汁地在购物中心和居住点之间设计出一种更亲密的联系，但是以汽车为本的购物需求导致购物中心被隔离在一条主干道的相反方向。在西拉瓜那，购物中心的修建并未被实现——除了社区娱乐大楼以外，未修建任何商业地点。大约半数的居民距社区中心的距离为超过10分钟的步行距离［0.5英里（800米）］。

尽管埃姆伍德未设任何专用的步行或骑自行车的路线，但整个社区却能很好地满足这两方面的需要，因为其中的道路相互衔接、通行顺畅，交通障碍物的限制和汽车低速行驶助其一臂之力。必须承认，这个社区在经过了近一个世纪的时间后，已经成长为一个成熟的社区了，拥有生机勃勃的、非常成功的地方商业中心。与新传统开发区不同，这一商业区主要集中在大学路上，拥有为数众多的基础服务点、餐馆和专卖店。虽然总有一天，那两个新传统开发区也可能发展出成功的中心区域，但是由于土地利用格局和密集度的原因，它们永远不会像埃姆伍德一样便利。

这些开发区对于最依赖步行道的人来说——儿童、少年、上了年纪的人，究竟会有多适合呢？肯特兰兹较稠密的居住状况和更广泛的空间与地点的交错，与西拉瓜那相比，能提供更好的通行和活动机会。巷道是一种不同的空间，或许它们对青少年和儿童来说是一种更充满趣味的"常去"之地。在巷道上也更容易看到后院及郊区的隐蔽处。虽然巷道也许减少了私密性，但是它们更有助于邻里间的偶然相见与自发性行为。西拉瓜那则较少有多变的街道空间供儿童玩耍，并且通往地区活动中心的路尚难通行；对于青少年来说，它可能被视作一处令人生厌的居住地，像极了任何其他的郊区。然而，沿湖地区则很可能吸引青少年的注意，只是不幸的是，湖前仅有一个公园。这两个开发区的人行道都满足了儿童和上了年纪的人的需要，因为步行所看到的社区更富有探险性，当儿童骑车或滑滑板通过时也是如此。除了缺少地方公园这一项，埃姆伍德看起来是最能很好地迎合年轻人和上了年纪的人的需要的郊区，因为它适宜步行，拥有广泛的安全街道，以及通往大学路购物中心的绝妙通路。此外，它拥有通往大城市和更大区域的便捷通路。

总之，在此所探讨的两个新传统范例都比常规郊区更具有强烈的公共结构感。它们也提供了更多有趣且富有内聚力的街景，对此，肯特兰兹脱颖而出，因为它对景观的表现方式能让身在其中的人感同身受，营造出趣味横生的街道和步行小道。然而，这两个开发区都没能建成通往零售商店和办公区的便捷通路、复合型房屋式样、日常生活用的步行道，以及在许多小镇或 20 世纪早期的马路郊区中能见到的街道的整体衔接，尽管新传统郊区的模式竭力仿效这些。但至少，它们代表着超越大多数老一套的郊区规划单元开发区的适度的进步。

过去 20 年里，最具迷惑力的设计革命是居住街区的共享街道理念或一体化理念。街道完全是居住环境的物质的和社会的组成部分，它同时也供汽车行驶、社会交往、市民活动使用，这些观点在很久之前就已被许多书的作者提出了，其中包括凯文·林奇、唐纳德·艾普利亚德、简·雅各布斯、J·B·杰克逊和威廉·怀特。然而，这些传统的欧洲和美国的街道特征，尽管仍在许多美国内陆城市的社区中可见，却早已从当代美国郊区中消失了。然而，欧洲以及其他国外城市的郊区中已经发生了一场在居住街道设计上的重要转变。在诸如荷兰、德国、英国、澳大利亚、日本和以色列这些国家，把交通与居住活动统一在同样的空间中的构想，已经激发出新的设计构造，以增加街道上的社会互动与安全促进步行活动。[10-15]

共享街道系统的基本理念是，构造一个统一体，强调共同体和居住使用者。行人、玩耍的儿童、骑自行车的人、停靠的车辆和行驶的汽车都分享着同一个街道空间。即便这些用途相互矛盾，实际的设计中也要把驾车者置于一种次要状态。这种状态事实上比普通居住街道的布局更安全。通过重新设计街道的物理表面，为行人开创出对社会与物质的支配权。因为步行环境的"解放"只是把汽车交通纳入了一个完全一体化的系统，因此，它并非一项反对只供汽车通行的政策。

共享街道理念在欧洲广受欢迎，已在多个国家实施，最值得关注的是荷兰，那里也是第一个发展并执行共享街道构想的地方。它的哲学思想可以追溯到英国1963年出版的科林·巴奇纳所写的报告《城镇交通》及其领导的"城镇交通"小组。[16]1959年，运输部任命巴奇纳开展改善城市交通的调查。[17]这项调查旨在"既缓节塞车状况又与汽车行驶达成妥协"。巴奇纳本人既是一名公路工程师又是一名建筑师，他给这个小组带来了一种革新性的观点。他有幸见到为了方便交通而造成的毁坏街道的居住和建筑结构之间的冲突。在20世纪50年代晚期和60年代早期盛行的相关哲学思想中，这是独一无二的，倘若不革新的话，则将成为事实。调查小组通过创造出特别地带——他们称其为环境区域或城市房间——提出了评估与重建城市交通系统的方法。这些都将具有与典型的街道不同的特征，其交通流量程度将根据功能发生变化。对街道将不再用交通吞吐能力来评估，而且还会用环境质量来评估，评估措施有噪声、污染、社会活动、行人活动和视觉美学。这些环境监测尺度日后可用来制定标准和设定限制级别。[18]由此，一些特定的环境区域可安全地分离交通与行人，而其他区域将允许行人与汽车安全地在街道上混合通行。通过对街道物理面貌的重新设计，可以开拓出供行人使用的公共领地。

在环境能容纳的地带实施"交通一体化"和"交通平和"构想之初，英国制定政策的人们并没有接受这些构想，因为他们认为这些东西似乎与政府主要通过兴修公路、改进铁路来促进经济发展的政策背道而驰。然而，20世纪70年代后期，这一报告又浮出水面，时值英国政府合并了两个部门——运输部和住房与地方政府部——合并成新的环境部。在这一时期报告产生了主导性影响。[19]这是第一次尝试把土地利用与交通规划合为一体，不过，具体的变化有待慢慢发生。

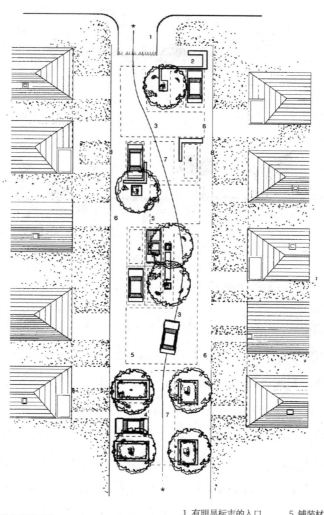

共享街道的典型平面

1. 有明显标志的入口	5. 铺装材料变化
2. 休息区 / 坐凳	6. 非连续路沿石
3. 车道转弯	7. 障碍物 / 植被带
4. 停车区	8. 典型道路边线

在共享街道或者乌勒夫中，行人和汽车共用同一个空间，这一空间被设计成迫使汽车缓慢行驶的格局，支持嬉戏和社交的用途。由于在其中会让司机产生一种是在侵入行人步行地带的感觉，因此司机将更加小心翼翼地驾驶，由此，交通事故发生率下降了。（伊万·本–约瑟夫）

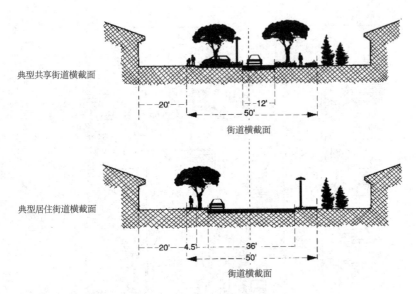

典型共享街道横截面

街道横截面

典型居住街道横截面

街道横截面

共享街道剖面：共享街道和典型的街道。（伊万·本－约瑟夫）

　　有趣的是，《城镇交通》报告却在欧洲大陆产生了比英国更大的影响。德国和荷兰的规划师们极度热情地运用了这一理念，很多规划师还把巴奇纳视为"交通安抚之父"以作借鉴。在荷兰，巴奇纳的构想理论令尼耶克·德·波尔——荷兰科技大学和伊蒙大学城市规划学教授——大受启发。在试着消除儿童嬉戏与汽车行驶所需要的街道空间之间的矛盾时，德·波尔在巴奇纳的构想里发现了一条可能的和平共处之道。他据此设计出了一些街道，让驾驶员在其中感觉是在"花园"中行驶，迫使驾驶员去关注其他的道路使用者。德·波尔把这种街道重新命名为乌勒夫（荷兰语，意即像丛林一样的园地，译者注），或称"居住区庭院"。与此同时，1969年一直在考虑重新设计并升级城市内部区域的道路路面的德夫特市市政府决定，在一些低收入群体居住的社区中实施德·波尔的构想，因为那些社区急需更多的儿童玩耍场地，但却缺乏建造玩耍场地的空地。在居民的参与下，设计方案把人行道和公路统一到一个路面上，营造出一种庭院般的感觉。树木、椅子和小的屋前花园更强化了这种空间。[20,21]

　　德夫特市的实践取得了成功，乌勒夫构想以指导方针与规范的形式传遍荷兰。最早为乌勒夫所制定的最低设计标准和交通规则由荷兰政府于1976年通过并得到法律认可。以下简要摘录《乌勒夫交通规则》[22]，它从荷兰语翻译而来，阐释出一种富有创新精神的严谨的天性：

● 文章 88a RVV

行人可以在乌勒夫所设区域内完全使用高速公路的宽度，但是仍然禁止在公路上玩耍。

● 文章 88b RVV

在乌勒夫区域内驾车的司机不得让车速超过步行速度。他们必须为可能出现的行人留有余地，包括玩耍中的儿童、未标注的物体、不规则的道路表面以及道路边线。

共享街道在许多国家已经取得成功，其中包括荷兰（图a）、以色列（图b）以及日本（图c）。（图a：蒂姆·法若；图b：伊万·本－约瑟夫；图c：《延伸的车轮》）

　　这些规则就是不久以后在其他许多国家中实施的共享街道指导方针的基础：1976 年在德国、英国、瑞典，1977 年在丹麦，1979 年在法国和日本，1981 年在以色列，1982 年在瑞士。直到 1990 年，超过 3500 条共享街道已经在荷兰和德国建成，超过 300 条共享街道已在日本建成，还有以色列建成的 600 条。在一些新的居住地区，这一构想如此受欢迎以至于竟成为了主要的街道类型。每一个国家都给它取了不同的名字：在德国，称为沃伯斯特拉本，或名生动的街道；在英国，称为共享街道或混合庭院；在日本，称为社区多若社区街道，在以色列，称为瑞霍乌－迈胡拉乌，或称一体化街道。今天，"联合街道系统"已经成为全球性术语，涵括了乌勒夫最初所呈现的基本理念。[23—30]

共享街道的设计特征

　　共享街道把步行活动和汽车行驶统一在一个共享层面上。在这一成果中，街道具备了居住、草地和会面地的首要功能。它也具备附属功能，即承载交通的通行、提供停车空间，但是这都不是刻意为了满足交通而做出的设计。联合街道系统完全适用于任何居住性街道和各种物理性状。当回顾这一系统从发端开始的进展时，可以发现几个典型的设计特征：

● 它是一个居住性的公共空间。

● 不鼓励交通畅行无阻。

● 行人与汽车共享路面，行人在整条街上享有优先权。在每一处都可步行、娱乐。

● 它可以是一条街道、一个广场（或其他形式），或者是一个空间的连接处。

● 它的入口处被明确标出。

● 没有老一套的带升高路沿石铺装的直道，路面（车行道）和人行道（慢车道）没有严格分界。

● 车速和行车受自然状态的屏障、偏向、弯曲度和波浪形约束。

● 居住住宅前有汽车通道。

● 区域内设有广泛的景观美化带和街道设施。

整个道路红线是典型地以同样的方法铺装的，常常带有砖或石的特别纹理。消除路沿石和坡度变化创造出了一个连续的表面，强化了连续空间的感觉。即便需要一条路沿石用作排水之用时，通常也会用同样的铺装材料覆盖整个空间。像这样的特点强有力地影响了汽车司机。没有了熟悉的两条道路边线和柏油路，驾驶员就会倾向于慢行。另一方面，"约束性的"措施能使用任意数量的设施胁迫司机屈从于减速行驶：密集的弯道、狭窄的路面、物或岩石等自然障碍物、视觉暗示如路面颜色，以及粗糙路面。方向变换和植物的位置进一步对司机的行为进行遏制。司机们必须妥协下来，缓慢开过道路的狭窄部分，那里的宽度仅为 11 英尺（3.3 米）多一点，仅允许在双车道的街道上一次通过一辆汽车（宽度可能会有变化，旨在为当地的服务性车辆开辟明朗的通道）。行驶路线每 125 英尺（40 米）就发生变化，以防止汽车加速。绿化带基座的布局方式是为了不得阻碍大型应急车辆的通行，基座通常较低——12 英寸（30 厘米）高——由耐久材料做成，它们的高度和材料使得大型车辆，如带挂钩楼梯的消防车，在紧急情况下可从其上面轧过；它们也不妨碍汽车开门，还能提供随意的休憩地。

停车设计沿用了多样化的格局。在一些结构中，交通转直角处的空间被分组群集起来，每组不超过 6 个空间，并且让车辆转直角。这一布局要求司机更加集中注意力，且当街道无车行驶时，还能很好地作为儿童玩耍的空间。其他的格局在住宅附近提供了停车空间。这种安排满足了居民期盼的在家附近停车的愿望。停车并不妨碍街道的美化质量。在许多设计中，停车空间并没有被明确标出。早期的设计里使用标识和专门铺装的路面标出停车地点的做法已经被自然状态的元素替代；绿化带基座，街道家具和树木围出了适合停车的空间。即便在视觉上，街道也是一气呵成的，潜在的自然状态的结构仍在控制着司机驾车与停车的行为。

虽然大部分这些自然状态的特征被运用在直线型街道布局上，但是，联合街道原则却可以被运用在任何构造中。1974 年，共享街道的构想传入英国，以寻求新的发展。设计师通过使用共享的无分界的表面让行人和司机都能靠近一簇簇的房屋的做法，得出了新的城市形态。因受到居民的积极反馈，英国环境部和运输部于 1977 年出版了一套关于共享街道设计指导方针的书。[31] 近来，在日本和以色列的新城镇开发区中，也把联合街道构想融入其中作为基础的设计布局。在这些开发区中，大部分居住街道都是从一条连接小区的道路与主干道之间的主要通道分支出来的共享空间。行人与司机都要穿过一个无边界的共享表面进入房屋群落。这种安排可让设计师自由地发展全新的利用空间的格局，而不用受到规整的直线型街道规范的限制。

社会受益

共享街道创立了一种社区氛围，使街道成为一个混合用途的公共领域，凌驾于广大汽车车主之上。街道远非运输通道了，它们成为适宜行人互动的地方，人们选择在此停留、参与社交活动。它们特别支持儿童的活动，为其提供了一片安全的、以居家为本的领地中的更多嬉戏场地和社交交往场地。使用共享街道的居民倾向于把街道视为他们的私人空间的延伸地，常常自发地维护和美化他们家附近的绿化带。研究表明，随着人们把越来越多的时间花在街道上，社区互动的机会也随之增加。这对儿童玩耍来说更是如此。对德国汉诺威的两个乌勒夫在转化之前和之后的研究显示，街道的再设计使得玩耍活动增加了20%，也带来了更多丰富多彩的户外活动，没有大人的监视后，儿童在户外待的时间变长，玩耍的花样丰富多彩。需要更多空间才能做的游戏、自行车的使用和玩具汽车的使用也相应增加。最值得注意的是玩耍场地的变迁：从狭窄街道的人行道迁至乌勒夫的整个路面宽度，其中包括了原来的行车道。[32]

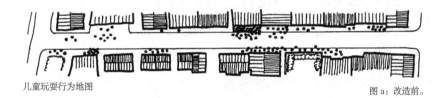

儿童玩耍行为地图

图 a：改造前。

图 b：重新设计之后（德国）

在德国进行的一项关于共享街道转换前后的研究显示，与转换前的规则街道相比，转换后的共享街道可以吸引更多的儿童出来玩耍并进行更多复杂的游戏，而不需家长监视。

共享街道让街道空间成为了复合型用途的公共领地，人们可以在其中进行丰富多彩的活动，如玩耍、交谈、休憩、观赏或者园艺。（伊万·本-约瑟夫）

日本开展的类似的研究报道称，90% 的被调查人说共享街道是为人所用而不是为汽车准备的；67% 的人说他们的孩子在共享街道的街上玩耍，他们认为那里是安全的玩耍场地。人们普遍地对能满足不止一种使用目的的街道空间倍加赞赏，也对再也不用把儿童限定在特定的玩耍场所或人行道上，而是可以到处玩耍表示非常满意。大多数居民（66%）感到共享街道鼓励了社交互动，增进了邻里间的交流。[33]

以色列的调查也表明，共享街道促进了邻里间碰面与交流的机会。多数居民宁愿选择尽端路街道也不愿选择在一条两头畅通的单行道上居住，这表明尽端路街道改善了他们所在社区的环境和安全。大部分儿童（81%）每天都在街上玩耍，把街道当作他们主要的玩耍地带。88%~100% 的居民说，他们乐意维护街道内的绿化带，近 50% 的居民说，他们事实上正在这么做。[34,35]

荷兰的一项全国研究表明，居民对共享街道的态度受到对公共空间设

计与社会角色满意度的强烈影响，而不是受到交通系统功能的影响。[36,37]
此外，居民还乐意接受对交通与驾驶的限制，以改进他们的社会和居住环
境。调查发现，母亲们也和儿童一样，认为共享街道比普通街道安全。很
明显，人们所知的关于共享街道的知识直接与人们对待它们的态度一致。
由此，对贯彻执行的相反意见主要与普遍缺乏对共享街道理念的知识有关。

安全

虽然看起来汽车的交通和行人有可能会发生冲撞，但是共享街道的具
体设计却实实在在地置交通于从属地位，这是一种对行人来说比常规的街
道布局更安全的情形。在安全问题上，德国、丹麦、日本和以色列的研究
显示，与标准居住街道相比，共享街道减少了超过 20% 的交通事故，减
少了超过 50% 的严重交通事故。从中受益最多的群体是行人、儿童和骑
自行车的人。[38,39] 在标准居住街道上最常发生的交通事故是与儿童有关的
交通事故。据英国的一项研究显示，与 5 岁以下儿童有关的公路交通事故
中的一半是发生在距他们的家 100 米的范围内。同样的调查显示，在严格
管理的街道、共享街道或尽端式这样的街道设计中，则极少发生此类交通
事故。[40] 经常提到的提议——一个地区提高安全性会增加相邻地区的交通
事故——在此没有得到证实。比较有趣的是，欧洲和亚洲的安全结果调查
显得很相似。[41—49]

另一个有价值的发现表明，汽车行程缩减率达到14%。[50] 有关铺石类
型作用的研究在日本展开，发现当使用相互关联的铺装材料时，交通事故
较少发生，驾驶更安全。使用不同颜色和多样化的砖石可使司机放慢速度，
与柏油路面相比，有助于缩短停车时原本所要求的距离。[51]

这些结果与大部分公路工程学的逻辑相反。做何解释呢？因为共享
街道布局以行人为本，给予行人首要的权利；司机是闯入者，自己被迫意

识到自己正在进入一个行人享有至高无上特权的地带。司机于是意识到突发性冲撞的可能性，就特别警惕。警觉的司机和缓慢的车速合起来牢牢地减少了发生严重交通事故的可能性；共享街道中的最大速度记录是13.5英里／小时（21.8千米／小时）。[52]

郊区共享街道前景

共享街道理念及其设计的贯彻实施违背了典型的街道设计标准。共享街道要求有一个更容易被接受的、更灵活的、不依附于约定俗成的方法的、对设计进行支持的过程。它的成功在于，创造出了一个周旋于两个冲突观点之间的可行的折中方法，不论在街道的物理形态领域还是在规划学与工程学专业领域中都是如此。它为街道设计提供了一个遵循托马斯·亚当斯在1934年所称的"指引而不是规定"的范例。[53]

不幸的是，乌勒夫构想在北美洲的存在只相当于所谓的新玩意儿。尽管1981年在唐纳德·艾普利亚德的书《适于居住的街道》中曾讨论过这一观点，在1989年运输工程师协会出版的《居住街道设计与交通管理》[54]一书中也对它进行过讨论，它却仍然没有得到立法机构和规划机构的承认。公共机构觉得没有必要建立这一概念，开发商则视"保证被批准的规划"高于任何可能使他们的项目陷入被官员重重阻挠的新构想。也有其他可能的理由来解释这种拒绝。私有财产权以及私密感在美国占据非常强的势头，并且美国并不像欧洲一样具有强烈的集体所有制传统。美国每家每户所拥有的汽车也比欧洲更多更大，它们的停放、行驶需占据更多的空间。此外，市政当局和开发商们肩负着在不符合现有标准以及没有明确划分权限情况下的市政责任。工程学与公共事务部门——它们曾指导了居住街道的开发和管理——常常对于实施交通管理体制犹豫不决，担心遭到来自司机、乘客或行人的诉讼。然而，新传统主义向现有标准和规范的设计新趋势的挑战，掀起了一场关于未来居住开发区的重要争论，这一争论引出了运输与城市工程学专业。

毫无疑问，共享街道适用于美国特定的居住街道布局。这一备受认可的构想被许多国家综合利用并赋予其新的形式，以适应地方性的规范和需要。有一些情形也许对于美国复杂的环境下的共享街道来说是完美的典型。拥有大量儿童和只有当地交通的复合住宅开发区，能扩大可用的开放空间，就像利用共享街道构想改进了汽车通路的面貌和停车区域一样。另一个显而易见的应用是已经对交通进行限制的、常被用作娱乐场地的郊区尽端路街道和环形道。向乌勒夫型的空间转变并具备适当的铺装和绿化，将是郊区景观的巨大进步。环境密集的市区居住街道也可以成为再设计范围中极佳的候选者。共享街道理念也保证了新传统开发区的开发。新传统的支持者们声称，高度相互连接的街道网（通常是格栅）将减少行程距离和时间，并通过提供更多的路线选择来拓展畅通性。[55,56] 然而，所有街道畅通性的提高将增加突然闯入的交通与不适合居住性社区的车速出现的可能性——丢弃 60 多年前崇尚的非连续街道系统的原始刺激。互连系统中的共享街道能消除格栅的缺陷。车速则将因为鼓励人们去离开居住区的地方工作而产生的交通状况得到降低，不过，诸如通路口和路线选择这类的连接特征，则将比典型的分级的非连续街道系统多出许多。这一设计令居住街道在保持与较大社区贯通的同时，融合了高度的易居性和安全性。

恢复居住街道的宜人性能使所有人受益，从居民到开发商再到地方政府。开发商将发现，共享街道开创了一个深具吸引力的公共环境，从而提高其销售潜力。制造商的积极性能进一步减小安装开支，促使开发区顺应新的变化。城市与乡镇则将享受到经久不衰的街道系统，这一系统包含了街道及其居民以及由此将减少的维护上的麻烦，也包含了更好的交通安全性和交通管理。尽管居民从共享街道的布局中获益最多，但是他们作为可被操纵的选择对象，却极可能是最不知情的群体。关于共享街道的公共信息并不存在，尽管在规划和实施交通管理中社区居民参与是接纳这一理念的关键。通过改进信息、出版物和基层职业，再设计的可能性就可被引入。此类进程成为荷兰和以色列的许多郊区共享街道的开端。

共享街道理念为美国的规划师们和设计师们提供了一次率先找到典型郊区设计替代方案的机遇，正如他们的欧洲同僚所提供的那样。居住街道受交通影响最小。它们所涉及的领域更多地存在于建筑学而不是工程学中，因此，理应被划归建筑师、景观建筑师和规划师的设计管辖范围。在新环境中运用这一理念将带来多样化的地点结构。这种设计能促使一个社区更加安全、更以儿童为本，并感受到更多愉悦的美感。

主张应用尽端路

新城市主义者提倡的互相连接的街道格局，强调了在格栅系统和曲线型非连续系统之间的历史争论。新传统理念依赖着昂温及其美国同僚佩里和斯坦提出的田园城市构想。不过，这些后来的设计师们强烈反对作为居住开发区一部分的互连街道系统。刘易斯·芒福德声明道："'T'字形广场和三角形广场，最终，没有接受过哪怕是最肤浅的建筑师或社会学家训练的市政工程师，会'规划'一座大都市，使用标准划分、标准街段、标准街道宽度，简而言之，都使用其标准化的、相似的和可替代的部分。新的格栅规划因缺乏效率和造成浪费而引人注目，但通常却未能清楚地区分开主干道和居住街道，结果造成前者总是不够宽，而后者，对于纯粹的社区使用来说，却老是太宽……就对城市的持久性社会功能做出的贡献方面看来，无个性特征的格栅规划被证明是徒劳无功的。"[57]其他批评家指出，在细分设计的新发展趋势中提倡的新格栅网系统，吞噬了太多的空地，这让独立的步行网的建立显得更加孤立无援，也与环境更不和谐。[58]

在众多的建筑师和规划师们尤其是在新城市主义者的观点中，尽端式街道代表了郊区模式中最根本的建筑街区：在很多 20 世纪后期的城郊开发区里出现的不相连、无固定形状的"面包圈和棒棒糖"模式。这一术语在环境设计中已经变成有些带贬义的词语，因为它代表着现今都市的郊区实质：与世隔绝，孤岛一般，私人圈地，开始一场类似飞地的无形蔓延，在社会上和精神上都与外面广阔的世界隔离，需要依赖汽车才能生存。尽管，尽端路遭到许多一流建筑师和规划师的蔑视，但它却似乎深受郊区居民和开发商的宠爱。这一种介于设计师与公众之间的价值观的不合，有待调查。

尽管遭受批判，但对于喜爱把尽端路——一种具有深厚历史渊源的形式——作为一种居住空间格局偏好仍有许多可道之处。什么是尽端路？它是一个法语词汇，字面意思是"袋子的底层"。通常，它指死巷、街头、里弄或广场、地块、四方院子、特定场所或者庭院。《牛津英语词典》给它的定义是："一条街道、里弄或者一端闭塞不通的道路；一条被堵死的巷道；一处仅有入口没有出口的地方。"[59] 于是，这一词汇实际上涉及多种多样的物理结构。

如同在前文已经讨论过的，尽端路格局得到交通工程学和细分标准的大力推荐。在它的典型表现形式上，郊区尽端路是一种相对短小的街道，通常小于 1000 英尺（304.8 米），最多容纳 20 处寓所。它的尽头为圆形回车道空间，直径足够大，满足保修服务车辆和急救车辆调头所需，其典型半径为 35~40 英尺（10.7~12.2 米）。独立式住宅——每一户都有独立车库和私人车道——通常沿路的两边以及圆形回车道布局。可设或不设人行道和行道树。进出这个小巧领地的唯一途径是经过唯一的尽端路入口，它与连接其他类似的尽端路的支路相连。其理想形式是，所有住房都分布在尽端路中，没有一座被规划在较繁忙喧哗的主干道上。这种尽端路的近亲是环形街道，相似点是，它也不诱导交通穿行，因为除了能沿着它行驶到家以外，再也到不了其他任何地方。然而，环形街道拥有两处通行口，于是，通常情况下会比尽端路长。环形街道和尽端路常常都能在同一个开发区中见到。

居住开发区的"面包圈和棒棒糖"模式出于几种理由而遭受批评。显然，它缺乏像在格栅这种早期开发区模式中的互通性。人们总是必须先驶出尽端路，再接着进入连接支路，才能到别处去。路线的选择性微乎其微，因此，人就被牢牢地陷在使用相同通路的境况中，日复一日。此外，因为街道的基础结构是针对半私密的死巷建造的，故此，连接交通通行的重负就被迫由相对狭小的支路和城市干道系统承担，这常常导致高峰时段的过度拥堵。对行人来说，步行显得漫长乏味，缺乏到邻近目的地的有效通道。那份感觉渗透进社区或小镇，曾经那份对结构清晰、标识明确的街道的感觉寻不见踪影，因为畅通的街道和林荫道都消失殆尽，一个社区的社交性荡然无存。剩下的，是一串在面目不清的通道上漫无目的地弯来弯去的死巷。这种格局的发展通常难以被概念化，因为它仅具备极少数显而易见的结构，没有统一的元素或清晰明了的格局。此外，因为不断重复，它常常令人乏味。置身其中的人——带着一种市民身份和市民精神——会缺乏属于整体一份子的归属感，缺乏对所在社区或小镇的主人翁感觉。很自然地，格栅模式开发区不得不遭受千篇一律带来的单调感的损害，尽管这种模式具有连通性。

非连续性的无固定形状的"面包圈和棒棒糖"格局，是 20 世纪后期的许多居住开发区的特征。
虽然不讨众多建筑师和城市设计师们的喜欢，但尽端路却成为郊区居民和开发商所钟爱的形式。
它提供了私密性，并远离交通带来的危险与喧哗。（图 a：威廉·加纳特；图 b 和图 c，土地幻灯片，
亚历克斯·S·麦克莱恩）

无论如何，尽端路模式尚且具备一些值得深思的优点。在居住在尽端路和环形街道上的居民眼中，这种模式提供了静谧而安全的街道，儿童能在这样的街道上嬉戏，并且几乎不必担心快速行驶的车辆带来的危险。非连续性的短小街道系统——与格栅不同——可以增进邻里间的了解、家庭关系与互动。[60-63] 经过多年的对交通事故数据进行的分析显示，尽端路和环形模式更安全。此外还发现，分级的非连续性的街道系统，与有利于交通通行的街道相比，更能防止夜盗的发生，因为罪犯们都会刻意地避开他们在其上有可能被抓获的街道模式。[64] 俄亥俄州戴顿市混乱的第五橡树区，通过把许多当地街道转变为尽端路的改建方法，创造出了一些小型社区。短时间内，车流量下降了 67%，交通事故率下降了 40%。总的犯罪行为下降了 26%，暴力犯罪下降了 50%。与此同时，房屋销售量上升，房屋升值。[65]

最近，对街道模式进行的比较研究显示，给予上述原因，用户明显偏向尽端路和环形街道模式。9 个经过精心挑选的加利福尼亚州的社区参加了此次调查，调查范围是安全职能和居民街道生活参与百分比。[66] 所研究的社区代表了不同的街道布局——格栅、环形街道和尽端式街道——但结合了相应的人口统计。结果显示，尽端路街道尤其是在其末端地块，在交通安全、私密性和嬉戏安全性方面的作用，都优于格栅或环形街道模式。居民们也认为尽端路适宜居住，即使是正居住在畅通的或环形街道上的居民也这么认为。人们说，他们感觉尽端式街道更安全、安静，因为在尽端路里没有两头贯通的交通通道，并且车辆在其中的行驶车速都比较慢。他们也感到，在尽端路街道里，他们更有可能认识住在同一条街上的人。一位居民的评论很有代表性："没有出口的街道使我们的宠物和孩子们更安全；你感到在这儿一点都不像绑架——更多感受到的是真正的社区氛围。"由此，这项研究让较早进行的关于居住区的分级非连续性街道模式对居住区价值的运输研究得到进一步证实。它也证实了宣称尽端路能更频繁地、更安全地为儿童使用的声明。[67,68] 然而，尽端模式极少被选作社区的整体模式，尽端式街道里的社交互动和邻里感并非必然比别处强。在社区规模上，与尽端路社区相关的问题更多地产生于土地利用的结果，而不是街道模式本身。大多数单一用途的尽端路社区将会造成与学校、娱乐、商业中心和工作地点之间的通路的缺乏。鲜见设立互连人行道系统把尽端路与毗连的街道、露天场所和其他社区相连的情况。

美国早期的城镇，如波士顿和费城，其居住庭院或小巷都为郊区的尽端路提供了静谧和私密性，但具有过多的建筑差异。这个坐落在波士顿比肯山脉上的大鹅卵石小巷，是一个获奖郊区。（迈克尔·索斯沃斯）

非连续性的街道模式也得到了市场需求的支持。购房者常常为与世隔绝的尽端路地段支付额外费用。[69,70] 从开发商的角度看，尽端路模式之所以广受欢迎，不仅因为它易于销售，也因为其基础结构所需的花费大大低于传统的互连式格栅格局，因为在尽端路中减少了 50% 的修路费用。

设计师在开展更具结构性的设计时进退两难。这种结构可以满足两种需要吗：既体现私密性、安全性和安静，又满足互连性、较佳的识别性以及结构明晰？尽端路当然不需要变成一个一团混乱的局面。同样的益处可以通过更多建筑物的界定和井然有序的格局来实现，例如，英国和法国中世纪乡村中的庭院、四周围合的场地和用建筑物围合的四方院子，昂温曾在汉普斯特德花园城郊的设计中极力仿效过这些。居住庭院也可以在美国早期的从费城到波士顿的许多小镇中见到。今天，这样的空间通常因其营造出的私密感、亲和尺度与魅力而成为获奖的居住区。

这一个位于旧金山市的市内小巷由建筑师丹·所罗门设计，兼作此居住开发区的一条引人入胜的步行道和汽车出入口。（伊万·本-约瑟夫）

可以设想一个以庭院、四周围合的场地——每一个都是具有自身特点的限定空间——为基础的郊区居住环境，在其中严格限制车辆出入口数量，处在有利于营造较大社区归属感的林荫大道和公共空间的整体框架中。当汽车受到管制并被限定在支路和主干道上行驶时，行人和自行车的路线就可以具有类似经典格栅模式的互连状况。人行道网可与行车道平行，但也可把尽端路和环形街道与其他街道相连，还可以把公园、学校和商店等目的地相连，营造出一个衔接完整的高效系统。

兰德博恩的规划事实上就是这样得来的变形。房屋簇拥着汽车可以出入的尽端路而建。人行道系统扩展到绿地和公园，小径不但连接着每一所住宅，还连接着学校。人行道的衔接尽可能少受汽车干扰。尽管兰德博恩相当浪费空地，但还是可以通过使用大量的空地以及把重点集中在人行道系统上来实现概念。

另一个值得深思的例子，是建于20世纪20年代以前，在美国大多数小镇和马路郊区中均可见到的、以互连格栅为基础的传统社区的翻新改进。这些社区具备互连性、结构框架、适宜步行性以及今天的规划师们在新的居住开发区中正倾心搜寻的易于出入的土地利用模式。然而，它们常常遭受汽车的侵袭，常常遭受噪声污染和来自当地居住街道过量交通的危害。加利福尼亚州的伯克利市就是其中一个尝试对付这些麻烦的地区。在成效上，就所关注的车流量问题而言，格栅系统已被转换成尽端式街道和环形街道，所采用的方法是，设置植被带作为交通屏障，或在选定地点设置大型混凝土浇筑的花盆横穿街道。然而，行人和骑自行车者仍能继续使用这种互连格栅。在最初的一项实验中，这一计划受到参与其中的社区居民的拥护，但却受到那些失去了汽车出入口的局外人士的强烈厌恶。尽管如此，所得到的广泛支持已经足以让它成为一个恒久项目。

为了提供相互连接的人行道网，翻新改进现有城郊尽端路开发区可能更加困难。虽然可以为尽端路设计新的连接通道，但在大多数情况下，它们却不得不沿着划分土地权属的线被建造在私有土地上。取得这种在他人土地上的通行权可能非常困难，因为居民们不太可能放弃他们的土地与隐私权的一部分，即便只是牺牲其中一小部分也不可能。此外，在大部分这类城郊开发区中，土地利用模式并不支持互连性——特别是当房屋旁的通路少之又少时。

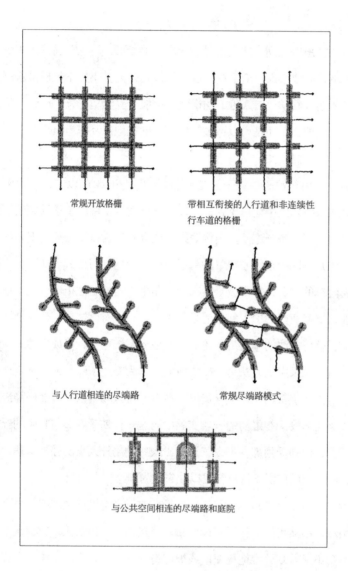

常规开放格栅　　　　　带相互衔接的人行道和非连续性
　　　　　　　　　　　行车道的格栅

与人行道相连的尽端路　　　常规尽端路模式

与公共空间相连的尽端路和庭院

有可能设计新的居住区，也可能翻新旧的，或者可能把两者结合起来提供
最佳方案：互相衔接的人行道网和受到管制的汽车出入系统。通过把尽端
路和环形道相连，并与社区目的地衔接的方法，能创造出一个适宜步行的
社区，同时可管理车流量。（迈克尔·索斯沃斯）

把现有的街道格栅翻新改进为种类繁多的疏导交通的障碍物。加利福尼亚州的伯克利市就经历过采用多种技巧限制社区交通的情况：花架式障碍物，以及街道中央的小型花园和护柱。（迈克尔·索斯沃斯）

适宜步行的郊区？

今天，适宜步行的郊区有可能被建成吗？也许今天最需要的，是形成支持行人和骑自行者的新开发区，是驯服和禁闭汽车的新开发区。尽管到目前为止并没有多少新传统开发区被建成，但这些理念却已经点燃了一场关于居住开发区未来的重要争论的烽火。通过提出并挑战当前业已存在的街道设计标准与规范，新传统理念提供了一个可供设计师、规划师、工程师和居民共同探讨的平台。特别是交通工程师，他们应该承认复审现行标准的必要，承认建立起能适应新趋势发展的新框架的需要。1994 年 2 月，运输工程师协会的一个技术委员会出版了《新传统社区设计交通工程学》。[71]这一报告弥补了缺少对技术准则的定义的状况，赞许式地回顾了与社区设计息息相关的一些特征。报告总结道："为了给新的传统邻里开发的发展做准备，交通工程师们应该开始了解传统邻里开发的基本理念。交通工程师们，像往常那样，应当非常关心安全性，但他们也应留心，别用安全做借口回避对真正好而安全的新传统设计的考虑。工程师们和其他人都应认识到，传统邻里开发工程秉持着建成综合性开发区形式的承诺，假如所有参与进来的设计师们都能恰如其分地进行设计的话，那么，它将创造出十分安全的、十分适宜居住的新社区。"[72]

a

b

c

一些城郊开发区结合了尽端路和共享街道的面貌。供行人和汽车共同使用的经过铺装、美化的庭院周围，簇拥着房屋群落。（图 a：经允许转载自拐角石社团；图 b：伊万·本－约瑟夫；图 c：迈克尔·索斯沃斯）

　　以传统模式、乌勒夫模式或者其他范本为基础的新的城市开发区能否在今天的市场中取胜，这一问题仍有待证实。各地区圈定的适宜步行的新生体，不论多么令人愉快，也可能无法减少对汽车的依赖性或者解决地区运输与环境问题。为了减少对汽车的依赖，在提高当地宜居性的同时，着手对土地利用模式和运输进行管理是十分必要的。如若不这么考虑，那么，创建想象中舒适的街道和社区的零星努力，只会在新风格下得到与旧郊区差不多的开发区。各地创建便利的、较少依赖汽车的社区的努力，在提供了运输基础结构、鼓励更紧凑的开发区模式的地域框架中，将取得最大成效。

第六章
明天的街道
迈向新的社区街道标准

街道，美国的公共属地，现在却已成为社区生活的屏障。

——安德鲁斯·端尼

现今所采用的街道设计标准具有悠长的历史，其作用体现在它们已经明显地改进了的街道与社区的安全性、功效性、健康性和私密性方面。问题是，尽管这些标准毫无疑问地能帮忙防止最糟糕的情况发生，但是它们同时也能抹杀创造力，阻止人们根据当地实际情况对标准进行调整。最初作为正确动机而诞生的成功的设计方案，最后往往跌入僵化的、过度施工的结局中。这是因为，标准一旦被制定出来，就十分容易吸引人们不由自主地对其加以运用。

如我们所见，居住街道的设计和布局随着时间的推移变得越来越规范。伴随车辆的流动性和汽车拥有者的迅猛增长，工程师们和规划师们便总臆想现在的街道已经不能满足需求了，由此引发出这种情况，即所制定出的标准常常超过社区实际的交通需要。这些标准又接着被地方政府强行施加压力，不允许在它们中间存在太多的灵活性。于是，街道标准深深陷入工程学与设计尝试的泥潭，甚至被固定在受法律保护的支撑开发区的经济结构之中，其结果是产生出数个与使用者和地形不合拍的、如同克隆出来的开发区。地方政府经常机械地遵循联邦政府或者州政府的范例来实施标准，并不酌情考虑每一个工程自身的特点和需求。地方政府这种害怕承担责任的行为，反而促使标准被捆绑在绝对合情合理的状态之中。这样做的后果是使得旧标准的修改、新标准的制定之路发展得异常缓慢。所以，尽管曾经尝试过一些公路布局的不同途径——如新传统主义设计师的作品一样——但业已存在的指导原则和标准却从未被改动过。并且由于联邦所属的机构并不提倡革新，所以各次级机构也不愿去改动。地方政府视联邦指导原则为所有与公路相关团体必须绝对认可的规则，这些规则同时免除了地方政府的所有相关责任。逐渐地，地方规划师和市民团体越来越少地向现行的街道标准挑战了。想要实现不落俗套的郊区布局梦想，正面临着几乎不可能逾越的屏障。

目前，细分街道设计中出现的问题可归咎于一味强调交通管理却缺乏对功能性通道和宜居性的综合规划。居住街道标准应适应街道功能，这种功能不仅是交通运输的一部分，也是居住社区的组成部分。现在，虽然所有街道都是以它们在交通通行中所扮演的角色来定义的，但地方性或通行街道仍然应更多地被作为社区环境的组成部分而不是作为一个交通系统来衡量。居住街道应受到尽可能最少的交通打扰。我们必须把街道视作综合性的、担当多重功能的社区装置——而不是简单交通行为与紧急车辆的通道。街道也应是散步、骑自行车、慢行、社交和儿童嬉戏使用的环境。它们是社团互动和社区发展的舞台。基于此，对它们的设计要求渗入对社会行为、建筑和城市设计、景观建筑和总体规划的理解。街道设计更多地存在于设计领域中，而不是工程学领域。由此，引出了关于是否应该把居住街道置于建筑师与其他环境设计师的设计权限之下的讨论。

建筑师、景观建筑师和规划师能成为改进居住街道行动的推动力。设计师需要与工程师合作，目的是：理解街道的市政用途；把强调重心放在居住而不是汽车上；承认交通格局和街道工程学。开发商也能成为郊区布局再设计及不同街道理念的运用行动的推动力。居民们将从对街道布局和标准的重新评估行动中获益最大，虽然他们可能是在这场切实可行的更替中最无知的一族。社区居民参与改进街道的规划与实施是街道标准能被认可的关键。

关注重新评估标准的职责

就是直到最近，各公共机构也不愿意采纳新的街道设计和布局。工程学和公共事务部门——那些曾经指导居住街道的开发与管理的部门——常常因为担心遭到司机、乘客或行人的起诉而对采纳新的交通管理规划犹豫不决。然而，目前的新传统主义设计趋势通过向现行标准和规范进行挑战而掀起了一场关于居住开发区未来的重要争论，这一争论已经被扩展到运输学和市民工程学专业领域内。在最近开展的一项对全世界 75 个城市的公共事务部门的调查中，半数以上的被调查部门表示愿意重新审视它们的居住街道标准和规范。此外，差不多 70% 的城市正在进行或者正在制定居住社区中的一些交通控制措施计划，约 50% 的被调查的工程师知道共享街道理念以及它对居住环境的益处。

尽管许多城市的官员已经承认需要对他们所在城市的规范中的某些方面进行修订，以便为街道设计开创出一个更灵活的框架，但是其中大多数人仍然认为目前正在实施的标准是令人满意的。调查显示，36 英尺（11 米）宽的道路的使用最广泛，并被认为是最适宜的尺度。大多数回应者的解释是，这一尺度是允许自由行车以及在街道上停车的最佳之选。现实中，这一宽度与以前出版的指导原则没有区别，如运输工程师协会和美国国家公路和运输官员协会（American Association of State Highway and Transportation Officials，简称 AASHTO）出版的指导原则。[1]

根据同一个调查指出，职责和法律条款是采纳不同街道结构与交通安抚措施中最重要的障碍。为了避免可能的起诉，各城市常常使用"最差设计方案案例"作为衡量街道宽度认可度的标准：停放的汽车占据街道两侧，装有舷外支架的应急车，仅有一条开放通道满足所要求的街道通行宽度。职责的关注范围也反映在日前私有街道的建设潮流上。在许多当代细分中，开发商都尽最大可能地利用私有街道的挑选权，旨在把所要求的几何设计标准减至最小而削减成本。因为街道是由业主协会维护，因此出现的典型情况是：各城市得以摆脱必须对之负全责的职责。各城市常常会允许对这些街道的建设不必那么严格地恪守标准，于是出现了一些较窄的道路和较小的建筑后退。几乎所有接受调查的城市（84%）都允许在私有开发区中出现满足不同街道标准的形式。在准允建造较窄道路的城市中，64% 要求最小街道宽度为 20~25 英尺（6.1~7.5 米）。虽然这一宽度往往需要对特殊停车要求做出相应规定，但即便如此，它也仍然小于公共街道的典型宽度 36 英尺（11米）。[2]

城市官员最好能认识到，自从标准以条文方式被写出来以后，法庭通常支配着在批准地方道路建设中降低设计标准的地方权限。[3] 这是一个要点。此外，像在其他州一样，在加利福尼亚州，在法令之下的"设计豁免"可以使得一个公共实体通常不对处于危险状态中的公共财产所造成的伤害负责，只要满足了以下 3 条准则：

● 规划或设计与事故之间没有因果关系。

● 证明优先于施工或改进的规划或设计是经过审慎决定的。

● 具备阐明此种规划或设计缘由的充足证据。

正如法院在一些案例中指出的那样，这类豁免反映出立法机关希望把公共事务官员所担当的规划与设计决策处理权的职责从民事诉讼中隔离出来的倾向。[4] 这些举动作为城市运输和公共事务部门可引证的职责和法律条款，就像实施街道结构革新以及减少标准的行动中最关键的条款那样，至为重要。

地方控制权和设计主动权

地方机构的独立性以及它们独立行使政府职能的能力，是改变规范和标准的关键。美国许多地方都开始呈现出这种趋势。随着更多社区同因未经过控制的城市增长、环境污染以及当前实施的失败结构所导致的生活质量问题搏斗的情况出现，各社区都在进入开始维护自己权力的阶段。其中一些社区正在实行管理规划，并在对当地的标准规范尺度进行思量。在这种进程表中，各地方的客观目标是为空气质量、警力和消防、公园和娱乐、供水排水及交通制定出可测量的尺度。由此设定的标准界限在未得到社区适当的调节或批准之前，各新开发区均不得逾越。

联邦政府已经承认了地方自主权的重要性。这从 1991 年联邦综合地面运输效率方案中可见一斑，这一行动首次把联邦辅助高速公路与交通基金的权力下放到各州和各地方机构。这一立法把联邦政府管辖了超过 40 年的运输决策权转移给了各州各市。由此，各地方机构可自由地选择结合通常需与联邦资金配套使用的规范，发展并资助它们认为适宜它们的社区的计划与工程项目。

这一行动为各地方社区建立自身主动性的可能开了先河，也得到钟爱它的各机构的法律与财政上的支持。例如，加利福尼亚州的诺瓦托市最近通过了一条创造"乡村街道标准"的新法令。这些经过更改的标准，成为各城市现实中使用的适应各社区旨在减少街道设计目标的工具。如法令所指出："乡村街道的目的在于提供安全便利的汽车交通设施、行人使用的设施、骑自行车者和骑马者使用的设施，维护并恢复城市内以及毗连城市的特定社区的乡村特征。这些街道将被广泛设置在城市中更乡村化的、非城市化的地区。基于此，此类街道的铺装宽度将被减小，并将限制其使用硅酸盐水泥砌成路沿石、排水道和人行道。"[5]

俄勒冈州的波特兰市是美国少有的几个积极追求更改街道标准的城市之一。自1991年起,"街道瘦身计划"就已经在已建成的和新建成的社区中热火朝天地进行。通过把地方居住街道宽度减少12英尺(3.6米)的做法,小街道成为保护宜居性及社区完整的一种经济有效的通路。大部分街道的设计都不超过20~26英尺(6.1~7.9米)宽,宽度依据社区停车需要而不同。

波特兰市以前每年都需支出大约100万美元用于安装安抚交通的设备,因为过多的街道被准许让车辆高速行驶和径直切入。削减标准不仅提高了社区的宜居性,也降低了暴风雨径流量与滑坡的影响,减少了开支。

反对街道瘦身计划的主力是消防局。它向往着通向各社区之间的畅通无阻的通道。为了克服这种反对意见,波特兰市决定对较老社区中的18~28英尺(5.5~8.5米)宽的街道性能进行测试。消防局被要求带来它所使用的设备现场演示现有的狭窄街道会怎样妨碍它的工作。同样的测试也让垃圾车和公交车各进行了一次。结果表明,这些街道的宽度为应急车辆提供了充裕的通道。消防局承认,它可以有效地为两端畅通的居住社区的狭窄街道服务。它也同意为低于300英尺(91.4米)长的尽端路服务,因为即使由于任何原因造成拥堵,消防人员仍可以携带所需装备步行通过。[6]

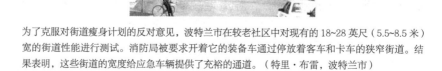

为了克服对街道瘦身计划的反对意见,波特兰市在较老社区中对现有的18~28英尺(5.5~8.5米)宽的街道性能进行测试。消防局被要求开着它的装备车通过停放着客车和卡车的狭窄街道。结果表明,这些街道的宽度给应急车辆提供了充裕的通道。(特里·布雷,波特兰市)

　　街道瘦身计划受到居民和政府官员的高度拥护，并引起其他愿意效仿的城市的极大兴趣。

　　其他令人鼓舞的联邦政府减少对地方的干涉迹象，可从与交通有关的各条款和运输系统管理计划（Transportation System Management，简称 TSM）中增加的个人因素作用中看出端倪。[7] 运输系统管理计划为开发商提供了一个减少他们在与交通相关细分中被强制要求参与的份额的机会，如停车，只要他们在设计上与交通相关措施合作。此类法令和交换已在萨克拉门托市、西雅图市和圣地亚哥市实施，其中最值得关注的例子是萨克拉门托市附近的西那瓜拉的细分。很明显，彻底取代联邦的和州政府的法规的障碍仍然存在。假如有导致危害健康与安全的情况出现——一种急需政府的标准第一时间介入的非常状况——那么就将需要再次由国家实行中央标准。

具有灵活性的半私有街道

　　在不久的将来，最可能施行经过更改的居住街道标准与规范的大街也许存在于私有领地里。大多数城市都允许在私有或半私有的街道里实施另一套不同的、更灵活的标准。在许多开发区内，业主协会拥有并维护着私有街道，地方规划当局常常允许它们对其进行灵活的设计。这是因为地方政府对这些街道不负法律责任，所以才能够允许在这些街道中引入不同的结构与标准。

位于纽约皇后岛森林山花园的街道是私人拥有的
街道。私有街道允许居民和开发商创立他们自己
的设计标准，免除了市政建设的责任。（迈克尔·索
斯沃斯）

诸如此类的成功实例可在佛罗里达州的西塞德和弗吉尼亚州的贝尔蒙
特的新传统开发区中见到。在西塞德的私有开发区中，居住街道由一条人
车共享的铺装路面构成。没有垫高的人行道或路沿石，汽车行驶的速度以
因狭窄的行车道和短小的街段而得到控制。根据安德鲁斯·端尼——西塞
德的设计师之一——的看法，私有街道切实免除了许多设计师需要遵守的
规则，但它们仍然未能取得像欧洲的乌勒夫那样能真正成为公共领地的成
果，不论是在空间设计还是在它们的城市特征上。端尼所选择的免受街道
规范约束的方法是把居住街道分类，如除了一些指定的主要公共街道外，
可对其他的街道分出停车区域。指定的汽车停车区域可免受街道标准约束，
通常能被置于更自由随便的标准之下。例如，停车区域不会对建筑后退提
出要求；除了倒车空间，它们的行车道不受控制，并且路沿石的半径范围
能小到 10 英尺（3 米）。[8]

由于地处佛罗里达州西塞德的街道是私人所有物，因此它们可以违背现有标准。一条狭窄的没有路沿石的或垫高的人行道的铺装道路，由行人和汽车共享。因其狭窄的街宽与短小的街段，使得汽车在其中倾向于慢速行驶。（彼得·欧文斯）

　　贝尔蒙特是一个于1988年左右构思出来的规划单元开发区。这一规划原本结合了遵照弗吉尼亚州运输局（the Virginia Department of Transportation,简称VDOT）的细分街道要求而实施的曲线环形街道系统。同年，路登县的监督部门行使为新传统社区的设计原则而制定的新动议权，以此对过去20多年中在此地涌现的具有象征意义的郊区开发区做个交代。其结果是，开发商和端尼·普拉特 – 热贝克建筑 / 规划公司使用新原则重新设计了贝尔蒙特。然而，当此项重新设计方案提交时却进展缓慢，因为其中所做的大量变动需要经过更改以适应地区法令和细分原则。

　　尽管所要求的变动并没有显示出与盛行的运输工程师协会同美国国家公路和运输官员协会的实际运用的或典型的指导原则之间存在强烈反差，

但这项方案所要达到的结果似乎可望而不可即。经过与弗吉尼亚州运输局漫长而无进展的谈判后，开发商提议开发一个私有地方街道系统，此系统由业主协会维护，此提议得到了批准。仅有 3 条支路和主干道是按照弗吉尼亚州运输局的标准修建的；剩下的街道系统部分都设在私有街道内。贝尔蒙特是第一个由县批准的与私有街道系统广泛结合的开发区。[9]

作为一个面向大众的细分开发区，私人化因素显然得到了某些限制，很难想象如若大部分居住街道都被分级成"停车区"会是什么状况。但是，在特殊的或者当地的情况下，它却能发挥出类似乌勒夫、庭院或者尽端路的作用，在这些地方，社区通行路线是系统的组成部分，并与通往住宅区的通道分开。私有街道应仅被作为转换公共街道标准的局部解决方案。各城市官员应认识到，目前允许在私有街道上实行一套不同的标准的情况正说明他们所执掌的公共街道标准存在着不足，这增加了对市政责任介入的需要，它要求市政管理不能只是对现有指导措施稍做改动而已。

执行标准与明细标准

像联邦住房管理局和运输工程师协会所制定的条款那样典型的细分与街道布局标准是明细标准，就是说，它们规定了确切的实体特征或范围，在实际操作中，这些东西必须被体现出来。另一方面，执行标准却没有规定确切的尺寸或形状，取而代之的是对那些必须达到或必须避免的情况做出规定。这是对传统的"欧儿里得"式的严苛的地域标准的反馈。执行标准第一次被用来控制工业行为，规定被许可范围内的噪声程度、烟气排放或水污染程度。这一规范不是使用预设的执行规划或原型，而是通过限制可变因素所产生的影响来给设计和建设留出更多的灵活性，塑造出需要建成的环境。在执行标准中，没有所谓正确的设计或规划，但是却存在众多可能的解决方案。它允许在指定地点混合使用不同类型的解决方案，而传统的明细标准则致力于经营千篇一律的统一性。若在分区、细分和街道布局上使用执行标准，就能让更多灵活的管理得到运用。如若依据一套街道执行标准或执行规范开始施工，那么就可以把浩大的工程学的备选解决方案转变成供地方提供更贴合实际使用情况的设计方案。这种土地利用规划战略在利用资源和土地的同时就能发挥出生态敏感性和更高的实效性。它也为适应地区社会——经济的形象而调整建设开支提供了一次机遇。

执行标准决非新概念。早在 1925 年，美国标准局就在《建筑规范布局的推荐实例》中陈述道：

只要可能，各项要求理应使用执行术语陈述，以测试结果或服务情况为目的，而不是以规定尺度、具体方式或明细材料为目的。否则，原本符合建造要求满意度和经济性需要的新材料或新材料组合，都将被限制使用，由此将阻碍工业进程。若存在为新的或未经实验的建筑形式制定法律依据的机会，则是值得向往的。缓和的方法可以是在建造官员的监督下进行测试，或者提交证据，证明所执行的被规定的标准曾在公平的有评定资格的管理下被采用过。

这份报告接着说道，复制现有准则是不明智之举：

节选文或文章主要强调的不应是不假思索地且不论得体与否地完全照抄其他的范文，尤其对决定是否服从贸易局推荐的统一标准也应如此。现有准则中的许多不足之处都来自按照实施这种标准得到的实际结果。节选文中所"抽出"的范文可能是非常出类拔萃的，但假如抄袭的文章疏忽了这一点，那么结果就将得到无法满足作文要求的缺乏结构的堆积，前后文自相矛盾，这就像近来的失调发展一样。[10]

这些话不仅适用于建造施工，也适用于规划和地基设计，今天它们仍像 60 年前那样有效，与此同时，不合时宜的僵化的标准也仍然存在。

遵照执行标准进行的分区被选在远离马萨诸塞州海岸的马莎的维纳亚德岛上叫盖赫德的小渔村进行。常规分区看起来似乎威胁着这里安静的乡村格调，并且与这里缺乏和谐性，这个渔村里原本并没有商业或工业区，也没有管理整个规划流程的工作人员。然而，这座小镇却遭受着大片度假房屋开发的严重威胁。居民们希望能保留乡村的特点，也希望能保留他们业已习惯的来自政府调控的自由度。《盖赫德章程》允许在任何地点恰如其分地发挥传统意义上的作用，如建造独立住宅、学校、农艺、钓鱼以及相关的小规模贸易区。其他用途也属于可被接受的范围，但都需要得到批准，批准的依据是这些用途满足特定的执行情况。这其中的一些执行前提或标准包括：

● "对于所有户外停车、存放、载物和服务区域，将站在公共道路和毗连居住区的立场上给予甄别。

● 除警戒装置、施工或维护工作，或者其他特殊情况外，在离被审查地块边界 200 米外不得出现不需使用仪器即能察觉到的臭气、尘土、烟雾、强光或闪光灯。

● 只要可能，地基设计应维持并巩固原有的树木——若此树木的测径超过了 12 英寸（30.5 厘米），保护水层、山丘，以及保护诸如远景、海洋景色和历史遗址类的其他自然面貌，并应当把对现有开发区特色的侵害减至最小。"[11]

另一个遵照执行标准分区的实例可在宾夕法尼亚州的巴克斯县见到。面对从 20 世纪 70 年代至今迅速的郊区化以及缺乏充分的规范开发工具的状况，这个县制定了一套新的控制郊区成长形式的方法。在承认传统法令的失败之处的同时，这个县向"对块地尺寸、后退、房屋类型这些常常阻碍开发商采取最有效的设计来开发一片土地"的状况发起挑战。[12] 通过成套图解和图表，"巴克斯县执行标准分区"指定开发区的形成需要包括：

● 土地使用强度，包括密度、开放空间比率和防潮表面比率。

● 变量，包括工地尺寸、形状和工地自然特征。

● 设计变量，由不同房屋类型（独立住宅、联排住宅等）组成。

由此，开发商可以在所挑选出场地实验不同的应用方案，通过在桌上讨论方案，可提供出多种设计构图。这一系统允许存在设计灵活性，允许了开发商提出的"要求批准特定标准，因其可保持更佳的设计实施结果，提供阳光、空气、私密性、防火以及其他设计标准试图实现的元素"。[13]

尽管执行标准主要把重心放在普遍的分区规范上，但却对尺度要求提出了挑战并为其提供了备选方案。它允许在设计标准中存在可变性，如地界宽度、建筑物尺寸、后退、停车要求和街道宽度。在大多数情况下，主要的居住街道宽度被成功地从 36 英尺减小到 26 英尺（11 米减小到 8 米），小型街道如尽端路，其宽度从 30 英尺减小到 22 英尺（9.2 米减小到 6.7 米）。

灵活性规划的局限

这种在地方规划进程中的灵活规划和较大的自主权为美好的未来做出了承诺，即使它们不能保证成功。灵活的规划范例在过去时有失败。20世纪 60 年代的住宅区和规划单元开发区——最值得瞩目的灵活细分布局实例，允许在街道格局的开放空间和施工地点的布局中进行自由拓展。由于固有的关注重心，很少有人关注规划单元开发区该怎样与更大范围的社区关联。此外，它们常常缺乏内聚力，规划土地时采用的格局均一相似。也许它们需要承担的最棘手的后果应该是，它们引入地方规划进程中的不确定因素。在对一项规划单元开发区实例的评价中，简·克拉斯诺维克——一名参与制定规划单元开发区的法定面貌的律师写道："我对规划单元开发区的观点本质上是，这一进程理应处于这种状态，即市政当局受之鼓舞扔掉书本教条，与开发商坐在一起商讨一个更出色的产品，而且这是个对消费者来说惯兴许是较便宜一点的产品。我有种感觉，这些并未发生。究其原因，是地方官员不喜欢协商项目的职责，他们宁愿从'书本'中找答案。"[14] 这一陈述虽然是 20 多年前做出的，但却仍然道出了今天在很多细分实例特别是街道设计中的真相。

尽管规划单元开发区允许了灵活的街道设计和地区规划，但它仿佛忽略了更广阔的社区。这一张关于规划单元开发区的收藏图向我们展示出加利福尼亚州阿勒梅德的贝法姆岛开发区的规划状况，它几乎可以作为一个关于规划单元开发区方案的教案，但这里呈现出的整个规划合在一起却并没有组成一个结合紧密的社区。

一些优化居住街道标准的设计准则

应当使用什么样的准则指导新居住街道标准的发展呢？追溯居住街道标准的演变，可以发现，已经形成了一组对建造较好的居住街道来说的似乎更至关重要的设计条款。在此推荐的一些准则可用于评估现有居住街道和街道标准，也可用于指导新居住街道和新街道标准的制定。这些条款试图显得灵活、与地方需要相呼应，而不是一种明细方案。它们意在指导而非强迫，它们允许创新方案的发展。

（1）支持居住街道的多重用途，包括儿童嬉戏和成人娱乐。由于居住街道需要为嬉戏、娱乐和其他社交活动所使用的固定用途，它们的设计应反映出以行人为本的特色，而不是仅仅便于汽车行驶。正如我们在乌勒夫或者嬉戏街道的情况中所见，它们完全可能结合街道的社交用途以及地方的交通需要这两者。同时，街道的面貌可以通过特别铺装、街道家具、娱乐设备和一体化的绿化区得到加强。

（2）为居民的舒适安全而设计和管理街道空间。地方居住街道应结合儿童、行人和骑自行车者的需要设计，而不是把重点放在汽车的行驶需要上。机动车主可在高速公路和主干道上让汽车成为街道的统领，但当进入一个社区后，汽车必须小心翼翼地行驶。布局、绿化和材料可帮助减轻交通噪声，也可减轻过多的散热、强光和风。步行和嬉戏路面应舒适，应为人的活动提供恰当的设施。在居住区内，由于标准的十字交叉路口稀少，所以"T"字形交叉路口或交通转盘更为适宜，因为它们比四通道的交叉路口安全。庭院或尽端路布局能提供最大的交通安全、最多的私密性和安全嬉戏区域。

（3）提供一个连接极佳的趣味盎然的步行网。由于散步远胜过功利性的体验，是一个享受的体验有益健康，能为散步者提供关于社区的见闻，故此，步行网的设计应为散步者提供愉悦的、见闻丰富的体验。一个理想的路径系统是带探险性的，能带来惊喜和全新的体验，即使被重复使用也能如此。目前，在现有郊区中尽端路社区所牵连的问题的出现，犹如从街道格局本身衍生出来的那样，都极大地来自土地利用格局本身，这些关于土地利用的问题可以在缺乏简单的便捷的通道的学校、商店、职场区域中见到。另一个不足是，连接尽端路与毗连的街道、社区、开放空间及其他目的地的互连步行道路系统十分罕见。整个社区内容的连接是个亟待强调的方面，倘若想要采用非连续性的汽车循环格局的话。社区设计常常会分享紧靠寓所所在环境中的死巷的质量，也将分享更大的社区范围中的与格栅有关的连接质量。围绕庭院和尽端路的住宅群应得到连接较佳的附属街道和人行道系统的支持。

居住街道应既具备社交用途也针对地方交通进行设计。（伊万·本－约瑟夫）

街道应为居民的多样需要而进行设计和管理。步行和嬉戏街面应舒适，应提供恰当的街具。（唐纳德·艾普利亚德）

　　（4）为街道居民提供便利的通道，但不鼓励交通；允许交通通行，但不为其制造便捷设施。街道系统应以符合逻辑的、全面的有效的方式为所有住宅提供通路，并应确保居民能把车尽可能开得接近他们的住宅。通向不在工作地点的活动地点的道路，如商店、学校和公园，也应十分方便。

步行和自行车网应设计成连续性的，即使汽车网是非连续性的。（伊万·本－约瑟夫）

　　在如格栅一样的互连街道系统中，交通调控措施应考虑对大规模交通的消除。假如可能，这些措施应当与街道的原始设计一致，创造出一个连贯的协调的规划。这些技术包括了分布在街道十字路口和物理表面的几何的与物理的改变，例如弄窄行车道、消除设置路沿石的人行道、改变铺装材料、放置速度缓冲器以及设立大片景观，而慢行街道应当与位于支路与地方街道之间的清楚标明慢车区域的交通地点统一，街道长度应减小到足以让司机被迫接受低速行驶的程度，街道设计应与实际交通承载量相互关联。居住街道上典型的交通量应不超过每天 1000 辆汽车，500 辆或更低最为理想。考虑到独立住宅单个家庭的平均驾车来回次数是每周 10.1 次，那么 500 次汽车往返数可换算为大约 50 个住宅单元。15 车速应低于 20 英里 / 小时（32 千米 / 小时），需要告诫司机随时注意在行车道上会出现儿童的身影。

街道设计能强化所住地区的自然和历史特征。（迈克尔·索斯沃斯）

在限速 20 英里 / 小时的街道上两部车之间的最小通行空间可以小至 1 英尺
（1 英尺 =30 厘米）

街道宽度应以汽车尺度为基础，而不是建立在预想的需求概念上。出版的标准常常超出实际需要。
（伊万·本－约瑟夫描摹自德文郡工程学系）

（5）以功能区分街道。网内街道应该以整个街道设计中的地方居住街道和主要支路或主干道的术语进行明确区分，这可以通过很多方式来实现。景观设计能通过主体树木与其他植被来区分街道，绿化带的治理可依据街道功能的变化。主要干道可以拥有中间绿化带，地方街道则没有。相似地，人行道的铺装、宽度和布置也可以发生相应的变化。街道宽度、格局、铺装、停车治理和车速可成为强有力的功能指示标志。

（6）把街道设计与自然和历史遗址相联系。避免使用一成不变的设计处理方法和指导手册。街道设计应当与地形、自然特征和历史传统场所相关联并对其进行表达。不规则的地带——波浪起伏、大岩石或树木、斜坡或其他不规则——理应被统一起来而不是被湮没。街道的一些细节，如路沿石设计、人行道铺装或街道标识，可以与地区乡土特色关联，而不是从一本手册或目录上找来的无名设计。街道设计应当把专属于该地的独特的东西标示出来，以设计强化这些特质。

通过最小化用于建设街道的土地量来保存土地。有几个因素应当用来形成规划，包括设计理念、街上停车的实际需要、毗连的住宅产生的平均交通量，以及因地形产生的局限。汽车行驶使用的街道或地区应根据汽车的尺度建造，而不是基于抽象的需求概念。街道宽度应作为设计过程来定夺，并应作为全面的整体建筑规划构想中不可或缺的组成部分呈现出来。对于每天达到500辆汽车通行的交通（为50~70座住宅服务的街道），一条单独的车道就已足够，假如组合了停车道或提供了通行空间的话。相似地，街角半径常常过大，应当建立在以适当的汽车行驶速度为本的基础上。

审视社区街道标准

街道满足社区的需要了吗？各社区需要评估一下它们现有的居住街道和街道标准，就像评价运用这些准则制定出的新开发区规划一样。评价当地街道与街道标准的程序，能成为既对居民又对城市官员有用的、极富教育意义的过程，就像对设计和工程学专家那样。评估工作组可以坚持展示其他城市已经进行的工作、多样化的交通管理技术以及已经为行人开拓的空间。社区中散步、讨论群体和评估工作组能刺激重塑当地街道形式的兴趣，并促使居民参与街道的规划与实施过程。

有几项技术是颇为实用的，其中的大多数相对而言都比较简单。详尽而准确的街道空间地图能揭示出此空间留给街道使用的比例。给地图上附注交通量与汽车行驶格局，将能显示此空间是否被过度使用、此格局是否阻碍了交通通行，以及在哪里存在超负荷交通的情况。在缺乏交通量统计数据的情况下，居民能较容易地用自己的方式统计交通。一日数次、一周数次地对街道空间使用情况进行观测，将显示出该街道空间满足儿童与成人的娱乐、社交需要的程度。行人与汽车之间的冲突点也应当被注明。与居民之间的访谈很重要，因为据此能得到居住在街道上的人对该街道舒适程度的感受，并获得用户进一步的需求信息。这些访谈可以采用客观的体验舒适程度的度量标准，如夜间照明、噪声、风或温度。人行道的空间地图将展现出街道网的连接方式和对目标地点的服务程度。在社区中散步与拍照调查都是实用的工具，特别是在考虑街道与人行道面貌的时候。为了理解沿街绿化和景观设计的恰当程度，一张绿化清单和列出所种植的植被及植被所处状态的地图是入手点。许多社区已经为怎样挑选得体的街道树木及挑选其他街道景观材料编写了手册，就像安装和维护手册那样，以方便居民对他们身处的街道进行改进。在安全文件中，警方对几年间的交通事故记录，就像居民回忆录和交通事故事发地地图与行驶速度一样，都很重要。

未来工作展望

我们现在需要一个针对街道设计与规划的内部惩戒性的方案。城市设计师、规划师和工程师需要协作开发新的、经过修订的标准，此标准应更有弹性、更能符合该街道的各色使用者以及多变的社会与地理环境的需要。街道设计标准的创新应当是一个演变的过程，这一过程应统一多重规划之间的合作，得出与街道涵盖的内容相称的灵活设计方针。关于执行标准的研究——对它们的创新、使用和取得的成效——都需要探索既符合多种类型的用户与环境价值的需要，又同时满足对安全的基本需求的标准的可能性。争论点在于怎样优化居住街道设计，怎样在一直使用僵化标准的场所改进新的理念。

地方街道多种多样的功能——散步、骑车、停放车辆——都可以在不消耗过多空间的情况下被设计得有效而具有吸引力，就如图中所示的荷兰瓦森勒的街道一样。（迈克尔·索斯沃斯）

还有进一步需要指出的问题，假如交通工程师打算接受向常规的街道系统包括安全、街道职能和交通行为发出的挑战的话。我们应当复核引发了 20 世纪五六十年代的街道标准起源的安全与交通研究，也应该比较郊区街道的安全职能和交通事故率与特殊的规划——尤其是非连续的格局与传统的格栅的对比——之间的关系。对居民的交通安全感以及他们对街道规划的偏好应做进一步研究。居住街道的交通事故率与街道宽度、视阈和曲率之间的关系需要得到进一步的审核。假如被削减标准能被证明不会增加危险状况，那么，施加在街道设计上的主要压制因素即可被解除。典型的分级街道布局应得到审核，街道分级能否呈现出与日前的和过去的不同的方式呢？地方街道格局的意义是什么，格栅、分级或非连续性街道格局是否能影响司机的行为举止与当地交通模式呢？

深入的调查应围绕社会行为与街道自然形状之间的关系展开。若削减标准以及采用不同的街道结构，是否会引起车速降低或改变社区行为习惯呢，就像在欧洲曾经发生的那样？美国人会珍视从减低车速与采用不同的街道结构中得到的益处吗？或者，像一些人所提出的那样，美国的驾车习惯和生活习惯与欧洲相距甚远，所以这种变化将永远不可能发生吗？

研究这些条目的可能的框架可以是，研究从常规的标准中分离出来的案例情状，如私有街道和一些新传统主义开发区。应通过什么过程来修订标准呢？修订后的标准能发挥多大的作用呢？对于已经成功地改变了国内与国外的街道标准的设计原型和规划过程的调查，能谕示美国修改街道指导方针的途径。对较早时代社区的回顾也具有参考价值，比如街车郊区，它们都是建立在不同的设计假想的基础上的。另一个解决方案可以是——尽管比较困难——在现有开发区中建造试点项目。居民们时常抱怨他们所在街道的交通难题，抱怨当局只是按照习惯性的做法通过设置交通调控装置来缓和这些难题。在这样的地方，可以设立新标准，可把街道作为一种试验场所进行再设计。

公众和专业机构专业协会的作用至关重要，如运输工程师协会、美国州际公路和运输官方协会，以及国家统一交通法律条规委员会，它们定期汇集环境设计师们的反馈意见，审校修订它们的指导方针。这些机构出版的官方文件为地方司法提供了必要的支持，使地方司法机构能够为与常规标准相反的决定提供法律根据。有关居住街道设计上的大众的与公共的信息也需要得到利用。这其中的大多数已经被写进业已出版书刊主题，仅在专业学术背景下传播。

最后，专业学校在改造街道标准及其作用上扮演着重要角色。其趋势是增加专业分化。今天，大多数建筑师和景观建筑师失去了对日益扩张的城市边界的兴趣，他们几乎已经完全丧失了先前对开发商、施工方和工程师来说的、作为大规模细分设计师和规划师的作用。与此同时，城市与公路工程学专业从关注地方设计方面游移到了更为抽象的、更大规模的交通系统工程学中去。城市与公路工程师倾向于把注意力集中在促进大面积交通的方便性上，而几乎不太可能站在某个地方的角度去理解居住街道了。然而，一些学校通过开设联合学位课程，已经开始反击这一趋势，联合课程旨在让建筑师、景观建筑师、规划师和工程师们能学到共有的理解基础，进而能在一起共同工作。这一运动应受到赞许。

为居住街道的设计制定的明细却多变的标准的发展，可以为细分街道的设计开创出新的可能，以此引导用户改变他们的出行习惯、对路线的选择以及改变他们的运输方式。融合了灵活标准的街道设计增加了针对不同的地点规划形状的可能性。细分和地块的排布能变得具有很强的适应性，且无须坚守所规定的形状。规划能变得更具实效，并能在不牺牲开阔感的同时提供更高的居住密度。在理论上，开发商能够促使一个社区变得更安全、更加以儿童为本、更具审美愉悦感。然后，街道环境对开发区来说则能变成有价值的财产，就像在欧洲和日本发生的那样。通过技术和官方的出版物尝试重新建立这些指导方针——就像是在讨论会上一样——将提供变革的基础和地方规划机构的立法依据。与此同时，过渡性的限制条款应当虑及向现有标准挑战的，以及以运输习惯为本的——就像曾经以交通通行为本那样的——细分规划的替换方案。

　　现在，是带着崭新的眼光回顾业已发生的一切的时刻了，也是反思郊区街道标准的好时机。这将是设计师、规划师和工程师们在未来岁月中的主要使命。

附录 A
居住街道标准发展年表

公元前 312 年　　　亚壁古道（即古罗马大道，译者注）开始动工

公元前 15 年　　　　奥古斯都（古罗马帝国皇帝）制定街道宽度法令

公元 300 年　　　　罗马军用道路建造厚度

1485 年　　　阿尔伯蒂设计理想街道

1550 年　　　修建理想的文艺复兴街道：鲁欧瓦大街，热那亚市

1570 年　　　帕拉第奥设计理想街道

1625 年　　　所知最早的北美殖民地时期的城市街道，帕玛奎德，缅因州

1632 年　　　北美洲第一条高速公路法律，弗吉尼亚州

1747 年　　　第一所路桥学校建立，巴黎

1765 年　　　伦敦威斯敏斯特街道改善工程

1775 年　　　皮埃尔－玛丽－杰罗米·特萨古特推进公路建造方法的发展

1795 年　　　第一条美国工程加固公路，从费城到兰开斯特的收税公路

1816 年　　　约翰·劳登·麦克亚当推进公路建造方法的发展

1816 年　　　美国第一个州立公共事务部门在弗吉尼亚州成立

1823 年　　　美国第一条碎石路在马里兰州建成

1823 年　　　园林村，雷金德园林，伦敦，由约翰·纳什设计

1824 年　　　第一次在城市环境中设置柏油街段，查普斯－埃利瑟斯，巴黎

1840 年　　　英格兰发明"安全的"自行车

1868 年　　　里维塞德，伊利诺伊州，奥姆斯特德与沃克斯

1875 年　　　公共健康行动；"拜－诺"街道法令，英格兰

1875 年　　　贝德福德园，伦敦

1877 年	北美洲第一条柏油铺装路面：宾夕法尼亚大道，华盛顿特区
1889 年	《街道》，卡米诺·西特
1892 年	州辅助公路行动，新泽西州
1893 年	美国第一部汽油引擎汽车在斯普林菲尔德进行测试，马萨诸塞州
1893 年	第一条砖石乡村公路，俄亥俄州
1893 年	公路咨询办公室成立，农业部
1897 年	第一次公路直观教学，新泽西州
1898 年	《明日，一条通向真正改革的和平道路》，埃比尼泽·霍华德
1902 年	《明日的田园城市》，埃比尼泽·霍华德
1903 年	里奇沃斯，英格兰，昂温与帕克，建筑师
1905 年	汉普斯特德花园城郊，英格兰，昂温与帕克，建筑师
1905 年	公共公路办公室成立，美国农业部
1906 年	含沥青的工程加固公路，罗德艾兰州
1909 年	《城镇规划实例》，雷蒙德·昂温
1911 年	《街道的宽度与排列》，查尔斯·马尔福德·罗宾森
1916 年	联邦辅助公路行动
1918 年	第一次联邦辅助公路行动圆满结束，加利福尼亚州
1920 年	国家高速公路和公路研究项目成立
1925 年	采用统一的交通信号，公共道路署
1927 年	兰德博恩，新泽西州，克拉伦斯·斯坦
1929 年	《社区单元》，克拉伦斯·斯坦
1930 年	运输工程师协会成立
1932 年	关于住房施工和住房所有权的总统会议
1933 年	《光辉城市》，勒·柯布西耶

1934 年	《居住区设计》，托马斯·亚当斯
1935 年	《细分开发》，联邦住房管理局 – 国家住房行动标题二
1936 年	《为小型房屋规划社区》，联邦住房管理局
1938 年	《规划有利可图的社区》，联邦住房管理局
1939 年	《细分标准》，联邦住房管理局 – 国家住房行动标题二
1939 年	公共道路委员会成立，联邦事务机构
1939 年	《现代住房标准》，公共健康协会
1939 年	《现代住房实用标准》，国家住房官方协会
1941 年	《成功的细分》，联邦住房管理局
1942 年	《交通工程手册》，运输工程师协会
1947 年	《社区施工人员手册》，社区施工人员理事会和城市土地协会
1947 年	《一份回顾地方细分控制的清单》，美国国家住房机构
1948 年	《社区规划》，美国公共健康协会
1949 年	联邦高速公路管理部成立
1952 年	《土地细分规则建议》，美国住房金融机构
1953 年	《加利福尼亚州社区标准》，联邦住房管理局
1954 年	《乡村高速公路几何设计政策》，美国州际高速公路官方协会
1957 年	《为了交通安全的细分》，哈诺德·马克思，伊诺基金会
1957 年	《市区高速公路动脉干道政策》，美国州际高速公路官方协会
1961 年	《地方街道与支路的几何形》，哈诺德·马克思，运输工程师协会
1961 年	《居住性土地开发新方法》，城市土地协会
1961 年	《居住开发区的施工交通安全》，城市土地协会
1962 年	《土地细分规划建议（修订版）》，美国住房金融机构

1962 年	《被采纳的标准》，加利福尼亚州城市联盟
1962 年	《停车尺度》，汽车制造商协会
1963 年	街道和高速公路的照明标准实施，美国标准协会
1965 年	《街道细分的推荐实例》，运输工程师协会
1968 年	统一交通法令法规，国家委员会
1970 年	《地方公路和街道的设计指南》，美国州际高速公路官方协会
1971 年	荷兰建成第一个乌勒夫
1974 年	《居住街道》，城市土地协会
1981 年	《适于居住的街道》，唐纳德·艾普利亚德
1983 年	西赛德，佛罗里达州，传统社区开发区，由端尼·普拉特－热贝克及公司设计
1984 年	《街道细分的推荐准则》，运输工程师协会
1988 年	肯特兰兹，马里兰州，传统社区开发区，由端尼·普拉特－热贝克及公司设计
1989 年	《居住街道设计与交通管理》，运输工程师协会
1990 年	西拉瓜那，加利福尼亚州，彼得·卡尔索普协会负责的新传统开发区
1991 年	综合地面运输效率方案，联邦高速公路管理部
1994 年	《新传统社区设计交通工程学》，运输工程师协会
1996 年	《小街道，适合居住社区的更好的街道》，包括适于居住的俄勒冈州和运输与发展管理纲要在内
1997 年	《高速公路设计中的灵活性》，联邦高速公路管理部
1998 年	《超越铺装的思考》，国家评估工作组、美国国家公路和运输官方协会、联邦高速公路管理部

1998 年　　面向 21 世纪运输效率行动

1999 年　　《速度管理：丹麦、荷兰和英国的国家实践经验》，丹麦运
　　　　　　输部

1999 年　　《交通安抚：实施状态》，里德·埃文为运输工程师协会所作

1999 年　　《健康社区的街道设计指导方针》，针对可居住社区的地方
　　　　　　政府委员会中心

1999 年　　"传统社区开发区：街道设计方针"，运输工程师协会

2000 年　　《社区街道设计方针：俄勒冈州减小街道宽度指南》，社区
　　　　　　街道工程奖金保管方，俄勒冈州运输局和土地保护与开发局

2001 年　　《高速公路与街道几何设计政策》，美国国家公路和运输官员
　　　　　　协会

2001 年　　《居住街道（第三版）》，城市土地协会

2002 年　　敏感触动设计，联邦高速公路管理部备忘录

2002 年　　《实现敏感触动设计的最佳实用指南》，美国交通运输研究委
　　　　　　员会（Transportation Research Board，简称 TRB）

2002 年　　《绿色街道：雨洪和河流交叉口的创新解决方案》，梅特渥（一
　　　　　　个地区机构，译者注），波特兰市，俄勒冈州

2003 年　　《灵巧的规则》，端尼·普拉特 – 热贝克及公司出版，地方
　　　　　　法规公司（The Municipal Code Corporation，简称 MCC）发行

附录 B
街道横截面纵览图

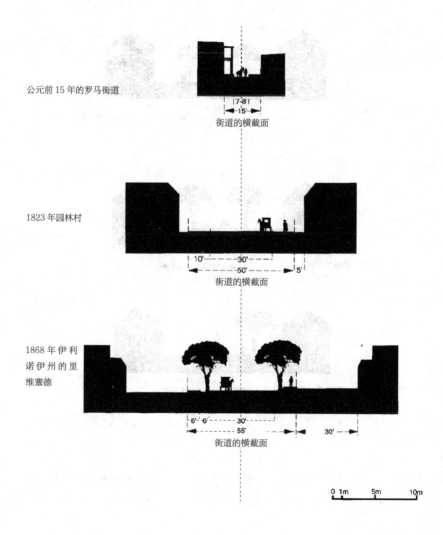

公元前 15 年的罗马街道

街道的横截面

1823 年园林村

街道的横截面

1868 年伊利诺伊州的里维塞德

街道的横截面

0 1m   5m   10m

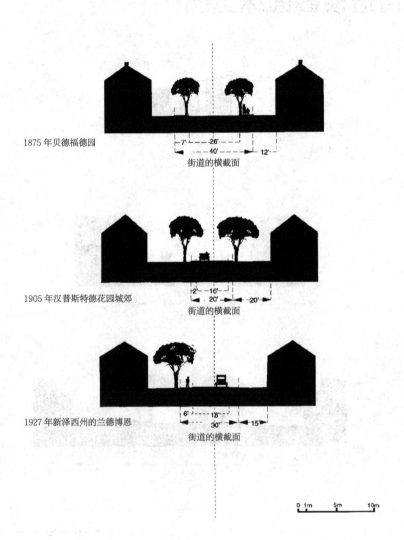

1875 年贝德福德园
街道的横截面

1905 年汉普斯特德花园城郊
街道的横截面

1927 年新泽西州的兰德博恩
街道的横截面

0 1m   5m   10m

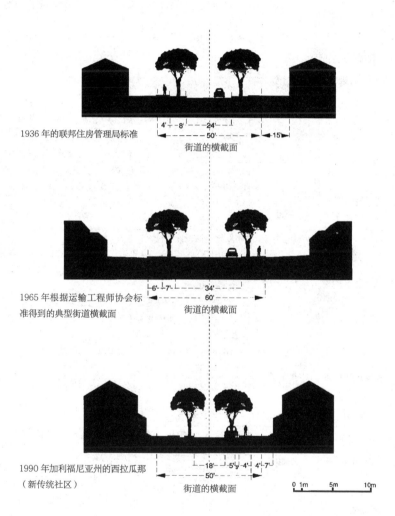

1936 年的联邦住房管理局标准

街道的横截面

1965 年根据运输工程师协会标
准得到的典型街道横截面

街道的横截面

1990 年加利福尼亚州的西拉瓜那
（新传统社区）

街道的横截面

附录 C　窄街道数据

州	管辖范围	标准
亚利桑那州	菲尼克斯	28 英尺（8.5 米）双边停车
加利福尼亚州	圣罗莎	30 英尺（9.1 米）——双边停车，日交通量低于 1000（ADT） 26~28 英尺（7.9~8.5 米）——单边停车 20 英尺（6.1 米）——禁止停车 20 英尺（6.1 米）在交叉路口收缩成颈状
	棕榈谷	28 英尺（8.5 米）——双边停车
	圣何塞	30 英尺（9.1 米）——双边停车，少于 21 个居住单元（DU） 34 英尺（10.4 米）——双边停车，超过 21 个居住单元
	诺瓦托	24 英尺（7.3 米）——双边停车，2~4 居住单元 28 英尺（8.5 米）——双边停车，5~15 个居住单元
科罗拉多州	玻尔得	32 英尺（9.8 米）——双边停车，日交通量 1000~2500 30 英尺（9.1 米）——双边停车，日交通量 50~1000
	夫特考林	30 英尺（9.1 米）——双边停车 24 英尺（7.3 米）——巷道
特拉华州	特拉华运输部门	友好迁移设计方针： 200~500 英尺（60.9~152.4 米）规定街段长；路网连通 21 英尺（6.4 米）——单边停车，1 条行车道，针对地方细分排列 22~29 英尺（6.7~8.8 米）——单边停车，较小支路 12 英尺（3.7 米）巷道包含在 20 英尺（6.1 米）的道路红线中
佛罗里达州	奥兰多	28 英尺（8.5 米）——双边停车，居住地界小于 55 英尺（16.6 米）宽 22 英尺（6.7 米）——双边停车，居住地界大于 55 英尺（16.7 米）宽
缅因州	波特兰	24 英尺（7.3 米）——单边停车
马里兰州	霍华德县	24 英尺（7.3 米）——无停车规定，日交通量低于 1000
密歇根州	伯明翰	26 英尺（7.9 米）——双边停车 20 英尺（6.1 米）——单边停车
蒙大拿州	赫勒拿	33 英尺（10.1 米）——双边停车
	密苏拉	28 英尺（8.5 米）——双边停车，81~200 个居住单元 32 英尺（9.8 米）——双边停车，81~200 个居住单元 12 英尺（3.7 米）巷道
新墨西哥州	阿尔伯克基	27 英尺（8.2 米）——单边停车
	圣达菲	34 英尺（10.4 米）——无停车规定

续表

州	权限	标准
俄勒冈州	比弗顿	28 英尺（8.5 米）——双边停车，日交通量低于 750
	尤金	12 英尺（3.7 米）——单行道巷道 16 英尺（5 米）——双向巷道 20 英尺（6.1 米）——禁止停车 21 英尺（6.4 米）——单边停车，日交通量低于 750 28 英尺（8.5 米）——双边停车，日交通量超过 750
	福雷斯特格罗夫	28 英尺（8.5 米）——双边停车，假如不超过 16 个独立家庭或者 20 个复合家庭居住单元
	格雷西姆	20 英尺（6.1 米）——禁止停车，超过 150 英尺（45 米）或者超过 11 个居住单元
	希尔巴罗	28~30 英尺（8.5~9.1 米）——双边停车
	明尼弗尔市	26 英尺（7.9 米）——双边停车
	波特兰	26 英尺（7.9 米）——双边停车 20 英尺（6.1 米）——单边停车
	提加	28 英尺（8.5 米）——单边停车，日交通量低于 500
	图拉丁	32 英尺（9.8 米）——双边停车
	华盛顿县	28 英尺（8.5 米）——双边停车
田纳西州	强生	22 英尺（6.7 米）——无停车规定，日交通量低于 240 24~28 英尺（7.3~8.5 米）——无停车规定，日交通量 240~1500 28 英尺（8.5 米）——无停车规定，日交通量超过 1500
佛蒙特州	伯灵顿	30 英尺（9.1 米）——双边停车
华盛顿州	柯克兰	20 英尺（6.1 米）——单边停车 24 英尺（7.3 米）——双边停车，仅允许低密度 28 英尺（8.5 米）——双边停车
西弗吉尼亚州	摩根城	22 英尺（6.7 米）——单边停车
威斯康星州	麦迪逊	27 英尺（8.2 米）——双边停车，3 个居住单元 / 日交通量 28 英尺（8.5 米）——双边停车，3~10 个居住单元 / 日交通量

注：1　为方便理解，表中括号内给出公制尺寸。

　　2　资料提供：艾伦·B·科恩，《土地规划与建筑》，圣罗莎，加利福尼亚州。

各章节注释

绪论

1.Michael Renner, *Rethinking the Role of the Automobile* (Washington, DC: World Watch Institute, 1988).

2.Mark Hanson, "Automobile Subsidies and Land Use," *Journal of the American Planning Association*, 58:1 (Winter 1992) 66.

3.This calculation is based on GIS analysis of infrastructure and parcel data by Professor John Radke, University of California at Berkeley.

4.*1990 Highway Statistics* (Washington, DC: U.S. Department of Transportation Federal Highway Administration).

5.Institute of Transportation Engineers, *Recommended Guidelines for Subdivision Streets* (Washington, DC: ITE, 1967, 1984) 5-6.

6.Sim Van der Ryn and Peter Calthorpe, *Sustainable Communities* (San Francisco: Sierra Club Books, 1986) 38.

7.Ruth E. Knack, "Rules Made to Be Broken,"*Planning*, 54:11 (1988)16-22.

8.Urban Land Institute, *Residential Streets: Objectives, Principles and Design Considerations* (Washington, DC: ULI, 1990) 20.

9.Swift and Associates, "Residential Street Typology and Injury Accident Frequency" (Longmont, CO: Swift and Associates, 2002).

10.*Traditional Neighborhood District Ordinance and Criteria Manual* (Austin, TX: City of Austin, 1997).

11.*Traditional Neighborhood Development* (Columbus, OH: City of Columbus, Department of Development Planning Division, 2001).

12.Institute of Transportation Engineers, Transportation Planning Council Committee 5P-8, *Traditional Neighborhood Development: Street Design Guidelines* (Washington, DC: ITE, 1999) 25.

13.Mary Peters, "Action: Context-Sensitive Design Memorandum"(Washington, DC: U.S. Department of Transportation, Federal Highway Administration, 24 January 2002).

14.Reid Ewing, *Traffic Calming: State of the Practice* (Washington, DC: ITE, 1999), 2.

15.Metro, *Green Streets: Innovative Solutions for Stormwater and Stream Crossings* (Portland,

OR: Metro, 2002).

16.Kelleann Foster, "Blueprints: Best Land Use Principles and Results Interactively Shown," CD-ROM (University Park, PA: Department of Landscape Architecture, Pennsylvania State University, 1997).

第一章

1.*Vitruvius on Architecture*, trans. Frank Granger (Cambridge: Harvard University Press, 1931) Book I, Ch. VI, 53-61.

2.Robert James Forbes, *Notes on the History of Ancient Roads and Their Construction* (Amsterdam: N.V. Noord-Hollandsche Uitgevers-MIJ, 1934).

3.Forbes.

4.Leon Battista Alberti, *Ten Books on Architecture*, 1485, trans. James Leoni, 1755, ed. James Rykwert (New York: Transatlantic Arts, 1966) Book IV, Ch. V, 75.

5.Alberti, Book IV, Ch. V, 75.

6.Andrea Palladio, *The Four Books of Architecture*, republication of the work first published by Isaac Ware in 1738 (New York: Dover Publi¬cations, 1965) Book III, Ch. II, 60.

7.Charles Singer and E. J. Holmyard. *A History of Technology* (Oxford: Oxford University Press, 1958).

8.Albert Rose, *Public Roads of the Past* (Washington, DC: American Association of State Highway Officials, 1953) 22.

9.Waiter Creese, *The Search for Environment: The Garden City Before and After* (New Haven: Yale University Press, 1966) 69.

10.Creese, 76.

11.Creese, 76.

12.Lawrence Stone, *The Family, Sex and Marriage in England 1500-1800* (New York: Harper & Row, 1977).

13.Robert Fishman, *Bourgeois Utopias: The Rise and Fall of Suburbia* (New York: Basic Books, 1987) 26.

14.Letter to John Soane, September 18, 1822.

15.Hermann Pückler-Muskau, *Tour in England, Ireland, and France, in the Years 1828 & 1829* (London: Effingham Wilson, 1832) v. ii, 204-205.

16.Andrew Jackson Downing, *The Architecture of Country Houses* (New York: D. Appleton and Company,.1850) preface.

17.Olmsted, Vaux, and Co., *Preliminary Report Upon the Proposed Suburban Village of Riverside*, 1868, reprinted in S. B. Sutton, ed., *Civilizing American Cities: A Selection of*

Frederick Law Olmsted's Writings on City Landscapes (Cambridge: MIT Press, 1971) 295.

18.Kenneth Jackson, *Crabgrass Frontier: The Suburbanization of America* (New York: Oxford University Press, 1985) 75.

19.Olmsted, Vaux, and Co., *Report upon a Projected Improvement of the Estate of the College of California at Berkeley near Oakland*, 1866, in Sutton, 265.

20.Olmsted, Vaux, and Co., in Sutton, 284.

21.Olmsted, Vaux, and Co., in Sutton, 292.

22.Olmsted, Vaux, and Co., in Sutton, 300.

23.Olmsted, Vaux, and Co., in Sutton, 301.

第二章

1.M. Moore, "Sanitary Oversight of Dwellings," Charities Review, 4:8 (June 1895) 438-439.

2.Frederick Howe, "The Garden Cities of England," Scribner's Magazine, July 1912.

3.Carol Aronovici, "Suburban Development," *Annals of the American Academy of Political and Social Science*, 5I (1914) 238.

4.Walter Creese, *The Search for Environment: The Garden City Before and After* (New Haven: Yale University Press, 1966) 79.

5.Creese, 82.

6.T. Affleck Greeves, Bedford Park: *The First Garden Suburb* (London: Anne Bingly, 1975), figure 1.

7."Bedford Park, London," *Chamber's Journal*, 18 (31 December 1881) 840.

8.*Daily News*, 5 May 1880 (London).

9.Raymond Unwin, *Town Planning in Practice* (London: Fisher Unwin, 1909)393.

10. Unwin, 126.

11.Ebenezer Howard, *Garden Cities of To-morrow* (London: Faber and Faber,1902, 1945) 48.

12.Howard, 1945 edition, 26.

13.Unwin, 299.

14.Howe, 5.

15.Blake McKelvey, *The Urbanization of America (1860—1915)* (New Brunswick, NJ: Rutgers University Press, 1963).

16.Charles Mulford Robinson, *The Improvement of Towns and Cities, or The Practical Basis of Civic Aesthetics* (New York: Putnam, 1902).

17.Charles Mulford Robinson, *The Width and Arrangement of Streets: A Study in Town Planning* (New York: The Engineering News Publishing Company, 1911) 178.

18. Robinson, 1911, 100-101.

19.Robinson, 1911, 114.

第三章

1.John Rae, *The Road and the Car in American Life* (Cambridge, MA: MIT Press, 1971).

2.Albert Rose, *Public Roads of the Past* (Washington, DC: American Association of State Highway Officials, 1953) 75-76.

3.W. Stull Holt, *The Bureau of Public Roads: Its History, Activities and Organization*, Service Monographs of the United States Government, no. 26 (Baltimore: Johns Hopkins Press, 1923) 3.

4.27 Seat. L., 734, 737.

5.Floyd Clymer, *Those Wonderful Old Automobiles* (New York: McGrawHill, 1953).

6.Mark Sullivan, *Our Times: The United States 1900-1925*, Vol. Ill of *Pre-War America* (New York: C. Scribner's Press, 1930) 339-340.

7.Rae, 32.

8.Rose, 90.

9.Institute of Government, University of North Carolina, *Popular Government*, 22 (December 1955) 1.

10.Neil Postman, *Technopoly: The Surrender of Culture to Technology* (New York: Alfred A. Knopf, 1992) 51.

11.Mel Scott, *American City Planning Since 1890* (Berkeley, CA: University of California Press, 1969).

12.Christine Boyer, *Dreaming the Rational City, the Myth of American City Planning* (Cambridge: MIT Press, 1983) 60.

13.Ann Christensen, *The American Garden City: Concepts and Assumptions*, diss., University of Minnesota, 1978, 95.

14.Boyer, 144.

15.Lewis Mumford, "The Intolerable City, Must It Keep Growing?" *Harper's Monthly*, 152 (February 1926) 287.

16.Mumford, 287-288.

17.Clarence S. Stein, *Toward New Towns for America* (Liverpool: University Press of Liverpool, 1951) 23.

18.Stein, 41.

19.Stein, 47.

20.Stein, 47.

21.Stein, 44.

22.Clarence Arthur Perry, *The Neighborhood Unit*, monograph in series: *Regional Survey of New York and Its Environs* (New York: Regional Plan Association, 1929) 34.

23.In the 1920s regional and metropolitan concerns resulted in many largescale planning efforts from coast to coast. The Boston Metropolitan Planning Commission was established in 1923. The Los Angeles County Regional Planning Commission was established at the same time and focused on the needs for highways, water conservation, sanitation, zoning, and parks. In New York five regional planning bodies were established: the Niagara Frontier Planning Board, the Onondaga County Regional Planning Board, the Capitol District Regional Planning Association, the Central Hudson Valley Regional Planning Association, and the Regional Plan of New York and Its Environs (Scott, 1969).

24.Boyer, 184,

25.New York Regional Plan Association, *Regional Plan of New York and Its Environs* (New York: NYRPA, 1929).

26.Perry, 26-30.

27.Le Corbusier,*The City of To-morrow and Its Planning*, 1929, trans. Frederick Etchells (New York: Dover Publications, 1987) 19.

28.Le Corbusier, 38.

29.Le Corbusier, 10-12.

30.Le Corbusier, 208.

31.Le Corbusier, 124.

32.Ludwig Hilberseimer, *The New Regional Pattern; Industries and Gardens, Workshops and Farms* (Chicago: Paul Theobald, 1949) 137.

33.Le Corbusier, 123.

34.Rae, 38.

35.Rae, 74.

36.Institute of Transportation Engineers, "A Retrospective," *Institute of Transportation Engineers Journal*, 50:8 (1980) 11.

37.Institute of Transportation Engineers, 1980.

38.Theodore Matson and Wilbur Smith, *Traffic Engineering* (New York: McGraw-Hill, 1955) 3.

39.Matson and Smith, 410.

第四章

1.Federal Housing Administration (FHA), *The FHA Story in Summary*, 1934-1959 (Washington, DC: FHA, 1959).

2.Presidents Conference on Home Building and Home Ownership, *Slums,Large Scale*

Housing and Decentralization—Conference Proceedings (Washington, DC: National Capitol Press, 1932).

3.Clarence Arthur Perry, "The Neighborhood Unit," *Regional Plan of New York and Its Environs* (New York: Regional Plan Association, 1929).

4.Adams incorporated much of this manuscript in a later book, *The Design of Residential Areas* (Cambridge, MA: Harvard University Press, 1934).

5.John Gries and James Ford, eds., *Planning for Residential Districts: Report on the President's Conference on Home Building and Home Ownership* (Washington, DC: National Capitol Press, 1932) 71.

6.Franklin D. Roosevelt, "Back to the Land," *Review of Reviews*, 84(October 1931) 63-64.

7.John Rae, *The Road and the Car in American Life* (Cambridge, MA: MIT Press, 1971) 225.

8.Clarence S. Stein, *Toward New Towns for America* (Liverpool: University Press of Liverpool, 1951) 119-124.

9.*The Regional Plan of the Philadelphia Tri-State District* (Philadelphia:Regional Planning Federation of the Philadelphia Tn-State District, 1932) 1.

10.New York Regional Plan Association, *Regional Plan of New York and Its Environs* (New York: NYRPA，1929) 18.

11.FHA, 1959, 12.

12.Marc Weiss, *The Rise of the Community Builder* (New York: Columbia University Press, 1987).

13.Weiss, 152.

14.FHA, *Subdivision Development: Standards for the Insurance of Mortgages on Properties Located in Undeveloped Subdivisions* (Washington, DC: FHA, 1935) Circular no. 5, January 10.

15.These standards and the succeeding ones are based on the following major FHA standard setting publications: *Subdivision Development*, Circular no. 5, January 10, 1935; *Planning Neighborhoods for Small Houses*, Technical Bulletin no. 5, July 1, 1936; *Subdivision Standards*, Circular no. 5, May 1, 1937 (Revised August 15, 1938 and September 1, 1939); *Planning Profitable Neighborhoods*, Technical Bulletin no. 7, 1938; *Principles of Planning Small Houses*, Technical Bulletin no. 4, July 1, 1940 (updated issue of the 1936 publication, revised June 1, 1946); *Successful Subdivision*, Land Planning Bulletin no. 1, March, 1941.

16.FHA, *Planning Neighborhoods for Small Houses*, Technical Bulletin no. 5 (Washington, DC：FHA, July 1,1936).

17.FHA, 1936, 12.

18.FHA, Subdivision Standards, Circular no. 5 (Washington, DC: FHA, August 15, 1938) 5.

19.Weiss, 153.

20.Harold W. Lautner, *Subdivision Regulation: An Analysis of Land Subdivision Control Practices* (Chicago: Public Administration Service, 1941)1.

21.Lautner, 113.

22.nternational City Managers Association, *Local Planning Administration, Municipal Management Series* (Chicago: ICMA, 1941) 256.

23.Lautner, 117.

24.Urban Land Institute (ULI), *The Community Builders Handbook* (Washington, DC: ULI,1947) 7.

25.ULI, 1947, 62.

26.ULI, 1947.

27.ULI, *Building Traffic Safety into Residential Development* (Washington, DC: ULI, 1961).

28.ULI, *New Approaches to Residential Land Development*, Technical Bulletin no. 40 (Washington, DC: ULI, 1961).

29.ULI, *Residential Streets: Objectivesy Principles and Design Considerations* (Washington, DC: ULI, 1974,1990).

30.National Association of Home Builders, *Home Builders Manual for Land Development* (Washington, DC: NAHB, 1950) 114-118.

31.Harold Marks, "Subdividing for Traffic Safety," *Traffic Quarterly*, 11:3 (July 1957) 308-325.

32.Marks, "Geometries of Local and Collector Streets," in *ITE Proceedings, 31st Annual Meeting* (Washington, DC: ITE, 1961) 105-116.

33.Institute of Transportation Engineers (ITE), *Recommended Guidelines for Subdivision Streets* (Washington, DC: ITE, 1965, 1984).

34.ITE, "Guidelines for Residential Subdivision Street Design," *Institute of Transportation Engineers Journal*,60:5 (1990) 35-36.

第五章

1.Clarence S. Stein, *Toward New Towns for America* (Liverpool: University Press of Liverpool, 1951) 42.

2.Calthorpe Associates with Mintier 6c Associates, *Transit-Oriented Development Design Guidelines* (Sacramento County Planning & Community Development Department, November 1990) 5.

3.Stephen P. Gordon and J. B. Peers, *Designing a Community for TDM: The Laguna West Pedestrian Pocket* (Washington, DC: 71st Annual Meeting of the Transportation Research

Board, 1991).

4.Michael McNally and Sherry Ryan, *A Comparative Assessment of TravelCharacteristics for Neo-Tradtttottal Development* (University of Califor¬nia, Irvine: Institute of Transportation Studies, 1992).

5.Martin J. Wells, *Neo-Traditional Neighborhood Development: You Can Go Home Again* (Arlington, WA: Weils & Assoc., Inc., 1993).

6.Walter Kulash, "Traditional Neighborhood Development: Will the Traffic Work?" (Bellevue, WA: Eleventh International Pedestrian Conference, 1990).

7.McNally and Ryan.

8.Richard K. Untermann, "Accommodating the Pedestrian: Adapting Towns and Neighborhoods for Walking and Bicycling," *in Personal Travel in the US, Volume II, A Report of the Findings from 1983-1984 NPTS, Source Control Programs* (Washington, DC: United States Department of Transportation, 1990).

9.Gerald Barber, "Aggregate Characteristics of Urban Travel," *in The Geography of Urban Transportation*, Susan Hanson, ed. (New York: The Guilford Press, 1986) 73-90.

10.Kiyoshi Ichikawa, Kioshi Tanaka, and Hirotada Kamiya, "Living Environment and Design of 'Woonerf,'" *International association of Traffic and Safety Sciences*, 8 (1984) 40-51.

11.Abishai Polus, *Evaluation of the Characteristics of Shared Streets*, Report no. 85-72 (Haifa, Israel: Transportation Research Institute, 1985).

12.Joop H. Kraay, "Woonerfs and Other Experiments in The Netherlands," Built Environment, 12:1/2 (1986) 20-29.

13.Brenda Eubank, "A Closer Look at the Users of Woonerven," in *Public Streets for Public Use*, ed. Ann Vernez Moudon (New York: Van Nostrand, 1987) 63-79.

14.Ulla Engel, *Effects of Speed Reducing Measures in Danish Residential Areas*, Proceedings of Conference on Road Safety and Traffic Environment in Europe (Gothenburg, Sweden, September 1990) 95-135.

15.Carmen Hass-Klau, Inge Nold, Geert Böcker, and Graham Crampton, *Civilized Streets: A Guide to Traffic Calming* (Brighton, England: Environmental and Transport Planning, 1992).

16.Colin Buchanan, ed., *Traffic in Towns: A Study of the Long Term Problems of Traffic in Urban Areas* (London: Minister of Transport, Her Majesty's Stationery Office, 1963).

17.Carmen Hass-Klau, *The Pedestrian and City Traffic* (London: Belhaven Press, 1990).

18.Buchanan.

19.Hass-Klau, 1990.

20.Peter Jonquiére, *Woonerf: An Environment for Man and Transport Together—The Present*

Aspects, Second International Symposium on Man and Transport—The Future Aspects (Tokyo, Japan,1978).

21.Hass-Klau, 1990.

22.Ministry of Transport and Public Works, *Woonerven—Minimum Design Standards and Traffic Regulation*,RVV no. 179 (The Hague, The Netherlands: Ministry of Transport and Public Works, 1976).

23.Jonquiére.

24.*Hosha Kyozendoro no Rinen to Jisen*, (*Pedestrian and Automobile Coex-istence on Residential Streets—Theory and Practice*) (Tokyo, Japan: Toshi Jutaku Henshubu, 1983).

25.Warner Brilion and Harold Blanke, *Traffic Safety Effects from Traffic Calming*, Proceedings of Conference on Road Safety and Traffic Environment in Europe (Gothenburg, Sweden, September 1990) 135-148.

26.Rodney Tolley, *Calming Traffic in Residential Areas* (Tregaron, Dyfed, Wales: Brefi Press, 1990).

27.Carmen Hass-Klau, 1992.

28.Kenneth Kjemtrup and Lene Herrstedet, "Speed Management and Traffic Calming in Urban Areas in Europe: A Historical View,", *Accident Analysis and Prevention* (Special Issue), 24:1 (1992) 57-66.

29."Roads for People and Cars: Considerations for Residential Areas," *The Wheel Extended—Toyota Quarterly Journal*, 73 (1992).

30.Eran Ben-Joseph, "Changing the Suburban Street Scene: Adapting of the Shared Street (Woonerf) Concept to the Suburban Environment," *Journal of the American Planning Association*, 61:44 (Autumn 1995).

31.Department of the Environment, *Residential Roads and Footpaths*, Bulletin no.32 (Lonon: Department of the Environment, Her Majesty's Stationery Office, 1977,1992).

32. Eubank.

33.Ichikawa.

34.Polus, 1985.

35.Abishai Polus and Joseph Craus, *Evaluation of Characteristics and Rec-ommended Guidelines for Shared Streets*, Research Report no. 90-150 (Haifa: Technion-Israel Institute of Technology, 1990).

36.Kraay, 1986.

37.Joop H. Kraay, M. P. M. Mathijssen, and F. C. M. Wegman, *Towards Safer Residential Areas* {Leidschendam, The Netherlands: Institute for Road Safety Research (SWOV), 1985}.

38.Brilion and Blanke, 135-148.

39.Ulla Engel.

40.Department of the Environment.

41.*Hosha Kyozendoro no Rinen to Jisen*.

42.N. Kanzaki, Y. Ohomori, and S. Ishimura, *The Use of Interlocking Block Pavements for the Reduction of Traffic Accidents*, Second International Conference on Concrete Block Paving (Delft, Holland: April 1984) 200-206.

43.Polus, 1985.

44.Kraay, 1986.

45.Julianne Krause, "Experience, Problems and Strategies with Area-Wide 'Verkehrsberuhigung': Six Demonstration Projects," *Planning and Transport Research and Computation, Proceedings of Road Safety Meeting* (Sussex, England, July 1986) 284.

46.John Nobel and M. Jenks, *Safety and Security in Private Sector Housing Schemes: A Study of Layout considerations* (London: Housing Research Foundation, 1989).

47.Brilion and Blanke.

48.Engel.

49.Janssen.

50.Janssen.

51.Kanazaki.

52.Liz Beth and Tim Pharoah, *Adapting Residential Roads for Safety and Amenity* (London: South Bank Polytechnic, Department of Town Planning, 1988).

53.Thomas Adams, *The Design of Residential Areas* (Cambridge, MA: Harvard University Press, 1934).

54.Wolf Homburger, Elizabeth Deakin, and Peter Bosselmann, *Residential Street Design and Traffic Control* (Washington, DC: ITE, Prentice-Hall, 1989).

55.Kulash.

56.McNally and Ryan.

57.Lewis Mumford, *The City in History: Its Origins, Its Transformations, and Its Prospects* (New York: Harcourt, Brace, Jovanovich, 1961) 48.

58.Sam Kaplan, "The Holy Grid: A Skeptic's View," *Planning*, 59 (November 1990).

59.*Oxford English Dictionary* (New York: Oxford University Press, 1989).

60.H. Sanoff and J. Dickerson, "Mapping Children's Behavior in a Residen¬tial Setting," *Journal of Architectural Education*, 25:4 (1971).

61.Barry Smith, "Cul-de-Sac Means Safety, Privacy for Home Buyer,"*The Atlanta Journal and Constitution* (January 14,1973, Section H).

62.Donald Appleyard, *Livable Streets* (Berkeley, CA: University of California, 1981).

63.Hae-Seong Je, "Urban Residential Streets: A Study of Street Types and Their Territorial Performances," diss., University of Pennsylvania (1986).

64.J. Mayo, "Suburban Neighboring and the Cul-de-Sac Street," *Journal of Architectural Research*, 7:1 (1979).

65.Oscar Newman, "Defensible Space—A New Physical Planning Tool for Urban Revitalization, "*Journal of the American Planning Association*,61:2 (Spring 1995) 149-155.

66.Eran Ben-Joseph, *Livability and Safety of Suburban Street Patterns: A Comparative Study*, Working Paper 641 (Berkeley, CA: Institute of Urban and Regional Development, University of California, 1995).

67.Sanoff and Dickerson.

68.Eubank.

69.Smith.

70.Lloyd W. Bookout, "Neotraditional Town Planning: Bucking Conventional Codes and Standards",*Urban Land* (April 1992) 18-25; "Neotraditional Town Planning: The Test of the Marketplace," *Urban Land* (June 1992) 12 -17.

71.Institute of Transportation Engineers (ITE), *Traffic Engineering for Neo-Traditional Neighborhood Design* (Washington, DC: ITE, 1994).

72.ITE, 1994, 15.

第六章

1.Eran Ben-joseph,*Residential Street Standards and Neighborhood Traffic Control: A Survey of Cities' Practices and Public Officials' Attitudes*, Working Paper 95-1 (Berkeley, CA: Institute of Transportation Studies, University of California at Berkeley, 1995).

2.Ben-Joseph.

3.C. R. Mercier, "Low Volume Roads: Closure and Alternative Uses,"*Transportation Research Record*, 898 (1983) 110-115; "Cases for Variable Design Standards for Secondary Roads," *Journal of Transportation Engineerings*, 113:2 (1987) 181.

4.Lawrence M. Freiser, ed., *California Government Tort Liability Practice*(Berkeley, CA: Continuing Education of the Bar, 1992) 367-372.

5.Novato, California (City of), Rural Street Standards, Ordinance 1313(July 12, 1994).

6.Terrence L. Bray and Karen Carlson Rabiner, *Report on New Standards for Residential Streets in Portland, Orego*n (Portland, OR: Bureau of Transportation Engineering, 1991, revised 1994).

7.Elizabeth Deakin, "Private Sector Roles in Urban Transportation," *ITS Review*, 8:1 (1984) 4-8; "Land Use and Transportation Planning in Response to Congestion Problems: A Review and critique,"*Transportation Research Record*, 1237 (1989) 77-86.

8.Telephone interview with Andres Duany, 1994.

9.Martin J.Wells, *Neo-Traditional Neighborhood Development: You Can Go Home Again* (Arlington, VA: Wells & Assoc., Inc., 1993).

10.U. S. Bureau of Standards, *Recommended Practice for Arrangement of Building Codes* (Washington, DC: Bureau of Standards, 1925) 19.

11.Kevin Lynch and Philip Herr, "Performance Zoning: The Small Town of Gay Head Tries It,"in *City Sense and City Design*, ed. Tridib Banerjee and Michael Southworth (Cambridge: MIT Press, 1990).

12.Bucks County Planning Commission, *Performance Zoning* (Bucks County, PA: Bucks County Planning Commission, 1973).

13.Bucks County, 43.

14.Jan Z. Krasnowiecki, "Legal Aspects of Planned Unit Development in Theory and in Practice," *Frontiers of Planned Unit Development: A Synthesis of Expert Opinion*, ed. Robert W. Burchell (New Brunswick, NJ: Center for Urban Policy Research, Rutgers University, 1973) 107.

15.Institute of Transportation Engineers, *Trip Generation* (Washington, DC: Institute of Transportation Engineers, 1987).

参考文献

Aitken, Thomas. 1907. *Road Making and Maintenance*. London: Charles Griffin and Company.

American Association of State Highway Officials. 1954, 1965. *A Policy on Geometric Design of Rural Highways*. Washington, DC: AASHO.

American Association of State Highway Officials.1957. *A Policy on Arterial Highways in Urban Areas*. Washington, DC: AASHO.

American Association of State Highway Officials.1984. *Design Guide for Local Roads and Streets*. Washington, DC: AASHO.

American Automobile Association. 1940. *Parking and Terminal Facilities*. Washington, DC: AAA.

American Automobile Association. 1946. *Parking Manual: How to Solve Community Parking Problems*, Washington, DC: AAA.

American Public Health Association, Committee on Hygiene of Housing. 1948, 1960. *Planning the Neighborhood*. New York: APHA.

Anderson, Stanford, ed. 1978. *On Streets*. Cambridge, MA: MIT Press.

Appleyard, Donald. 1981. *Livable Streets*. Berkeley: University of California Press.

Barber, H. L. 1917. *Story of the Automobile—Its History and Development from 1760 to 1917*. Chicago: A. J. Munson & Co.

Borth, Christy. 1969. *Mankind on the Move*. Washington, DC: Automotive Safety Foundation.

Boyer, Christine. 1983. *Dreaming the Rational City, the Myth of American City Planning*. Cambridge, MA: MIT Press.

Brindle, R. E. 1991. "Traffic Calming in Australia: A Definition and Commentary," *Australian Road Research* 21,2: 37-53.

Calthorpe, Peter, and Sim Van der Ryn. 1986. *Sustainable Communities: A New Design Synthesis for Cities, Suburbs and Towns*. San Francisco: Sierra Club Books.

Calthorpe, Peter. 1993. *The Next American Metropolis: Ecology, Community, and the American Dream*. New York: Princeton Architectural Press.

Cervero, Robert. 1986. *Suburban Gridlock*. New Brunswick, NJ: Center for Urban Policy Research, Rutgers University.

Cervero, Robert. 1991. "Congestion Relief: The Land Use Alternative," *Journal of Planning*

Education and Research 10, 2: 119-121.

Conservation Law Foundation. 1995. *Take Back Your Streets*. Boston, Rockland, ME, and Montpelier, VT: CLF.

Creese, Waiter. 1966. *The Search for Environment: The Garden City Before and After*. New Haven, CT: Yale University Press.

Creese, Waiter, ed. 1967. *The Legacy of Raymond Unwin: A Human Pattern for Planning*. Cambridge, MA: MIT Press.

Dahir, James. 1947. *The Neighborhood Unit Plan: Its Spread and Acceptance*. New York: Russell Sage Foundation.

Devon County Council. 1991. *Traffic Calming Guidelines*. Devon: Devon County Council.

Duany, Andres, and Elizabeth Plater-Zyberk. 1991. *Towns and Town-Making Principles*, Alex Krieger and William Lennertz, eds. Cambridge, MA: Harvard Graduate School of Design; New York: Rizzoli.

Duany, Andres, and Elizabeth Plater-Zyberk. 1992. "The Second Coming of the American Small Town," *Wilson Quarterly* (Winter) 19-48.

Easterling, Keller, and David Mohney, eds. 1991. *Seaside: Making a Town in America*. New York: Princeton Architectural Press.

Federal Housing Administration (FHA). 1938. *Principles of Land Subdivision and Street Layout*. Washington, DC: FHA.

Fischler Raphael. 1993. *Standards of Development*. Dissertation, University of California, Berkeley.

Fishman, Robert. 1977. *Urban Utopias in the Twentieth Century: Ebenezer Howard, Frank Lloyd Wright, and Le Corbusier*. New York: Basic Books.

Fishman, Robert. 1987. *Bourgeois Utopias*: The Rise and Fall of Suburbia, New York: Basic Books.

Forbes, R. J. 1934. *Notes on the History of Ancient Roads and Their Construction*. Amsterdam: N.V. Noord-Hollandsche Uitgevers-MIJ.

Garreau, Joel. 1991. *Edge City: Life on the New Frontier*. New York: Doubleday.

Gehl, Jan. 1987. *Life Between Buildings: Using Public Space*. New York: Van Nostrand Reinhold.

Gordon, Stephen P., John B. Peers, and Fehr & Peers Associates. January 1991. *Designing a Community for TDM: The Laguna West Pedestrian Pocket*. Washington, DC: Transportation Research Board.

Gregory, J. W. 1932. *The Story of the Road*. New York: Macmillan.

Hall, Peter. 1988. *Cities of Tomorrow*. Oxford, UK: Blackwell.

Hanson, Susan, ed. 1986. *The Geography of Urban Transportation*. New York: Guilford Press.

Hegemann, Werner, and Elbert Peets. 1922. *The American Vitruvius: An Architect's Handbook of Civic Art*. New York: Architectural Book Publishing Co.

Hilberseimer, Ludwig. 1944. *The New City*. Chicago: Paul Theobald.

Housing and Home Finance Agency. 1960. *Suggested Land Subdivision Regulations*. Washington, DC: HHFA.

Institute of Transportation Engineers. 1965-90. *Traffic Engineers Handbook*. Washington, DC: ITE.

Jackson, John Brinckerhoff. 1984. *Discovering the Vernacular Landscape*. New Haven, CT: Yale University Press.

Jackson, John Brinckerhoff. 1994. *A Sense of Place, A Sense of Time*. New Haven, CT: Yale University Press.

Jackson, Kenneth. 1987. *Crabgrass Frontier: The Suburbanization of America*. New York: Oxford University Press.

Jacobs, Allan. 1994. *Great Streets*. Cambridge, MA: MIT Press.

Jacobs, Jane. 1961. *The Death and Life of the Great American Cities*. New York: Random House.

Katz, Peter. 1993. *The New Urbanism: Toward an ArchITEcture of Community*. New York: McGraw-Hill.

Kelbaugh, Doug, ed., et al. 1989. *The Pedestrian Pocket Book: A New Suburban Design Strategy*. New York: Princeton Architectural Press.

Kending, Jane, Susan Connor, Cranston Byrd, and Judy Heyman. 1980. *Performance Zoning*. Washington, DC: Planners Press.

Kostof, Spiro. 1991. *The City Shaped: Urban Patterns and Meanings Through History*. Boston: Little, Brown.

Kostof, Spiro. 1992. *The City Assembled: The Elements of Urban Form Through History*. Boston: Little, Brown.

Kraay, Joop H. 1987. *Safety in Residential Areas: The European Viewpoint*. Leidschendam, The Netherlands: Institute for Road Safety Research (SWOV).

Kraay, Joop H. 1989. *Safety Aspects of Urban Infrastructure: From Traffic Humps to Integrated Urban Planning*. Leidschendam, The Netherlands: Institute for Road Safety Research (SWOV).

Kunstler, James Howard. 1993. *The Geography of Nowhere: The Rise and Decline of America's Manmade Landscape*. New York: Simon & Schuster.

Lautner, Harold W. 1941. *Subdivision Regulation: An Analysis of Land Subdivision Control Practices*. Chicago: Public Administration Service.

Le Corbusier. 1933. *The Radiant City*, trans. Pamela Knight, Eleanor Levieux, and Derek Coltman. New York: Orion Press, 1967.

Lynch, Kevin. 1981. *Good City Form*. Cambridge, MA: MIT Press.

Marks, Harold. 1957. "Subdividing for Traffic Safety," *Traffic Quarterly* 11, 3 (July).

Marks, Harold.1974. *Traffic Circulation Planning for Communities*. Los Angeles: Gruen Assoc.

McCluskey, Jim. 1979. *Roadform and Townscape*. London: Reed International.

Moudon, Anne Vernez, ed. 1987. *Public Streets for Public Use*. New York: Van Nostrand Co.

Mumford, Lewis. 1954. "The Neighborhood and the Neighborhood Unit," *Town Planning Review* 24, 4 (January).

Mumford, Lewis. 1961. *The City in History: Its Origins, Its Transformations, and Its Prospects*. New York: Harcourt, Brace, Jovanovich.

National Housing Agency. Technical Series no. 1. 1947. *A Checklist for the Review of Local Subdivision Controls*. Washington, DC: NHA.

Organization of Economic Co-operation and Development. 1976. "Geometric Road Design Standards," *in Proceedings of the Organization of Economic Co-operation and Development*. Paris: OECD (May).

Partridge, Ballamy. 1952. *Fill'er Up!—The Story of Fifty Years of Motoring*. Chicago: McGraw-Hill.

Perry, Clarence Arthur. 1939. *Housing for the Machine Age*. New York: Russell Sage Foundation.

Practical Street Construction. 1916. Reprints from Municipal Journal. New York: Municipal Journal and Engineer.

Proceedings of The Second National Conference on City Planning and the Problem of Congestion, May 1910, Rochester, New York. Cambridge, MA: Harvard University Press.

Reps, John. 1965. *The Making of Urban America: A History of City Planning in the United States*. Princeton, NJ: Princeton University Press.

Ritter, Paul. 1964. *Planning for Man and Motor*. New York: Pergamon Press.

Robinson, Charles Mulford. 1904. Modern *Civic Art; or, The City Made Beautiful*. New York: G. P. Putnam's Sons.

Robinson, Charles Mulford. 1911. *The Width and Arrangement of Streets, A Study in Town Planning*. New York: The Engineering News Publishing Company.

Rowe, Peter G. 1991. *Making a Middle Landscape*. Cambridge, MA: The MIT Press.

Rudofsky, Bernard. 1969. *Streets for People*. New York: Anchor Press.

San Diego, City of. 1992. *Transit Oriented Development Design Guidelines*. San Diego, CA: Planning Department.

Sitte, Camillo. 1889, 1965. *City Planning According to Artistic Principles*. New York: Random House.

Sitwell, N. H. H. 1981. *Roman Roads of Europe*. New York: St. Martin's Press.

Solomon, Daniel. 1992. *ReBuilding*. New York: Princeton Architectural Press.

Southworth, Michael, and Eran Ben-Joseph. 1995. "Street Standards and the Shaping of Suburbia," *Journal of the American Planning Association* 61,1:65-81.

Southworth, Michael, and Peter Owens. 1993. "The Evolving Metropolis: Studies of Community, Neighborhood, and Street Form at the Urban Edge," *Journal of the American Planning Association* 59, 3: 271-288.

Speed Management Through Traffic Engineering. 1992. *Accident Analysis and Prevention* (Special Issue) 24, 1.

Stilgoe, John. 1988. *Borderland: Origins of the American Suburb* 1820-1939. New Haven, CT: Yale University Press.

Summerson, John. 1949. *John Nash: Architect to King George IV*. London: George Allen & Unwin.

Summerson, John.1962. *Georgian London: An Architectural Study*. New York: Praeger.

Temple, Nigel. 1979. *John Nash & The Village Picturesque*. Gloucester: Allan Sutton.

Tripp, Aiker. 1938. *Road Traffic and Its Control*. London: Edward Arnold.

Tucson, City of. 1991. *Neighborhood Protection Technique and Traffic Control Study*. Tuscon, AZ: Department of Transportation.

Tunnard, Christopher, and Boris Pushkarev. 1963. *Man-made America: Chaos or Control*. New Haven, CT: Yale University Press.

United States Department of Agriculture, Office of Road Inquiry. 1895. *Road Building in the United States*, Bulletin No. 17. Washington, DC: Government Printing Office.

Untermann, Richard K. 1990. "Accommodating the Pedestrian: Adapting Towns and Neighborhoods for Walking and Bicycling," *in Personal Travel in the US, Volume II, A Report on Findings from the 1983-1984 Nationwide Personal Transportation Study*. Washington, DC: U. S. Department of Transportation.

Untermann, Richard K.1987. "Design Standards for Streets and Roads," in *Public Streets for Public Use*, Anne Vernez Moudon, ed. New York: Van Nostrand.

Warner, Sam Bass. 1978. *Streetcar Suburbs: The Process of Growth in Boston*, 1870-1900, 2d ed. Cambridge, MA: Harvard University Press.

Weiss, Marc. 1987. *The Rise of the Community Builders*. New York: Columbia University Press.

Whyte, William H. 1964. *Cluster Development*. New York: American Conservation Association.

Whyte, William H. 1988. *City: An In-Depth Look at the People, the Movement, and the Buildings That Make a City Live*. New York: Doubleday.

Wilson, William H. 1989. *The City Beautiful Movement*. Baltimore: Johns Hopkins University Press.

Wixom, Charles W. 1975. *Pictorial History of Road Building*. Washington, DC: American Road Builders' Association.

Wright, Henry. 1935. *Rehousing Urban America*. New York: Columbia University Press.

图书在版编目（CIP）数据

街道与城镇的形成 / (美) 迈克尔·索斯沃斯, (美)
伊万·本－约瑟夫著；李凌虹译 . -- 修订本 . -- 南京：
江苏凤凰科学技术出版社，2018.2
 ISBN 978-7-5537-9000-8

 Ⅰ.①街… Ⅱ.①迈… ②伊… ③李… Ⅲ.①城市道
路－城市规划－研究 Ⅳ.① TU984.191

中国版本图书馆 CIP 数据核字 (2018) 第 025412 号

街道与城镇的形成（修订版）

著　　　者	[美] 迈克尔·索斯沃斯　　[美] 伊万·本－约瑟夫	
译　　　者	李凌虹	
项 目 策 划	凤凰空间/张晓菲　于洋洋	
责 任 编 辑	刘屹立　赵 研	
特 约 编 辑	于洋洋	

出 版 发 行	江苏凤凰科学技术出版社
出版社地址	南京市湖南路1号A楼，邮编：210009
出版社网址	http://www.pspress.cn
总 经 销	天津凤凰空间文化传媒有限公司
总经销网址	http://www.ifengspace.cn
印　　　刷	天津市豪迈印务有限公司

开　　本	710 mm×1 000 mm　1 / 16
印　　张	15
字　　数	316 800
版　　次	2018年2月第1版
印　　次	2024年1月第2次印刷

标 准 书 号	ISBN　978-7-5537-9000-8
定　　价	59.80元